Hans H. Hinterhuber/Eric Krauthammer

Leadership – mehr als Management

Hans H. Hinterhuber/Eric Krauthammer

Leadership – mehr als Management

Was Führungskräfte nicht delegieren dürfen

4. Auflage

GABLER

Bibliografische Information Der Deutschen Bibliothek
Die Deutsche Bibliothek verzeichnet diese Publikation in der Deutschen Nationalbibliografie; detaillierte bibliografische Daten sind im Internet über <http://dnb.ddb.de> abrufbar.

1. Auflage 1997
2. Auflage 1999
3. Auflage 2001
4. Auflage 2005

Lektorat: Ulrike M. Vetter

Der Gabler Verlag ist ein Unternehmen von Springer Science+Business Media.
www.gabler.de

Umschlaggestaltung: Nina Faber de.sign, Wiesbaden
Satz: Buch-Werkstatt GmbH, Bad Aibling
Druck und buchbinderische Verarbeitung: Wilhelm & Adam, Heusenstamm
Gedruckt auf säurefreiem und chlorfrei gebleichtem Papier
Printed in Germany

ISBN 3-409-48953-3

Vorwort zur vierten Auflage

Wir müssen das Vergangene vergessen,
das Heutige meistern und
die Zukunft vorbereiten.
Inayat Khan

Die vielen bejahenden Zuschriften und Anrufe sowie die Qualität der positiven Buchkritiken haben uns als Autoren angenehm überrascht. Offenbar war das Buch in der Lage, Anregungen zu geben. Wir möchten uns bei den Leserinnen und Lesern und Rezensenten mit einem stoischen Ausspruch bedanken:

Jede Kritik ist in erster Linie eine Aussage über den Kritiker selbst.

Das Buch wurde zur 4. Auflage sorgfältig durchgesehen und verbessert. Es hat sich jedoch nur an wenigen Stellen die Notwendigkeit ergeben, den ursprünglichen Text neu zu formulieren und zu ändern.

Zwei nicht-delegierbare Verantwortungsbereiche der Führenden wurden durch zwei Aufgaben erweitert, die bisher nicht explizit herausgestellt wurden: 1. Führende als Repräsentanten der Unternehmung sowie als Erzieher und Mentoren ihrer Mitarbeiter und 2. Führende als Verhandlungspartner, die in wichtigen Verhandlungen einen „Added Value" für die nachhaltige Wertsteigerung der Unternehmung erzielen.

Darüber hinaus wurde der Frage nachgegangen, ob Leadership erlernbar ist.

Bei aller Selbst- und Fremdkritik hat die Wahrung der ursprünglichen Linie etwas Positives: Erfahrungsgemäß haben jene Bücher, deren Inhalt bei jeder Neuauflage „grundlegend geändert und aktualisiert“ werden muss, keinen dauerhaften Wert. So hoffen wir, dass das Buch auch in der vierten Auflage allen interessierten und neugierigen Leserinnen und Lesern eine anregende Lektüre sein wird.

Innsbruck/Nyon (Genf), im März 2005

Hans H. Hinterhuber
Eric Krauthammer

Vorwort zur dritten Auflage

Das Ziel des Lebens ist Folgerichtigkeit
und stete innere Harmonie der äußeren
wie inneren Lebensführung.
Zenon

In die dritte Auflage haben wir zahlreiche Anregungen, die wir aus dem lebendigen Gedankenaustausch mit vielen Unternehmern, Führungskräften und Studenten erhalten haben, eingearbeitet. Einige Abbildungen wurden neu hergestellt. Neu ist ein Abschnitt mit einem Test zur Selbstüberprüfung des eigenen Führungsverhaltens und/ oder zur Versachlichung der Beurteilung des Führungsverhaltens anderer.

Die Geschlossenheit der bewährten didaktischen Konzeption des „Leadership-Hauses" haben wir trotz fortschreitender Differenzierung und Ausweitung des Wissensstandes beibehalten. Wir hoffen, dass Ihnen das Arbeiten mit diesem Buch trotz Zeitbedrängnis Freude bereitet, Anregungen gibt sowie Sicherheit in der Praxis vermittelt. Ihre Anregungen und Verbesserungsvorschläge sind uns sehr willkommen, damit wir die nicht-delegierbaren Aufgaben der Führenden noch besser vermitteln können.

Schließlich möchten wir allen Unternehmern, Führungskräften und Studenten sehr herzlich danken, die mit Begeisterung, mit Engagement und mit der oft notwendigen Geduld am langjährigen Werden des Buches beteiligt waren.

Innsbruck/Genf, im August 2001

Hans H. Hinterhuber
Eric Krauthammer

Vorwort zur zweiten Auflage

Wenn ich hier also Lehren gebe, die ich
aus Unbedacht selbst nicht befolgt habe,
so geschieht es, damit meine Offiziere aus
meinen Fehlern lernen und zugleich erfahren,
dass ich darauf bedacht bin, mich zu bessern.
Friedrich der Große

Das Buch weist eine Reihe von Änderungen gegenüber der ersten Auflage auf. Alle Abschnitte wurden überarbeitet. Einige Gedanken, die uns in Leadership-Seminaren und Unternehmergesprächen besonders wichtig erschienen, haben wir stärker herausgearbeitet.

So haben wir die Leadership-Verantwortung „Kernprodukte und Kerndienstleistungen" um die Involvierung des Letztentscheidungsträgers in Strategic Issues erweitert. In die Leadership-Verantwortung „Jahresleitbild" wurden die Stakeholder-Analyse und die Parallelisierung der Interessen von Anteilseignern und Führungsteam einbezogen. In der Leadership-Verantwortung „Organisation" wurde die Auswahl der Führungskräfte stärker als bisher berücksichtigt.

Innsbruck/Genf, im August 1998

Hans H. Hinterhuber
Eric Krauthammer

Vorwort

Lesen ohne zu denken ist dasselbe,
wie wenn man Baustoffe anhäuft,
ohne etwas damit zu bauen.
Rabindranath Tagore

Die Zeiten ändern sich. Das Leben ist intensiver und schneller geworden. Wir durchleben eine der bedeutendsten Umwandlungen der letzten Jahrhunderte. Welche Gestalt das Neue annehmen wird, lässt sich noch nicht erkennen. Es wird jedoch deutlich, dass es sich bei der Überwindung einer so tief reichenden neuen Situation wie der heutigen um einen langen Prozess handelt. Da kommt es bei Unternehmern und Führungskräften niemals auf die Zurückgebliebenen, sondern auf die Vordersten an. Es waren immer Einzelne, auf deren Beispiel und Einfluss die Richtung der Unternehmungsentwicklung zurückgegangen ist. Jede große Leistung beginnt mit der Initiative eines Einzelnen.

In Zeiten der Turbulenz und des Umbruchs ist Leadership wichtiger als Management. Leadership heißt, neue Möglichkeiten entdecken und umsetzen oder umsetzen lassen sowie die unternehmerischen Veränderungsprozesse so gestalten, dass die Erhöhung des Kundenwertes das zentrale Anliegen aller Führungskräfte und Mitarbeiter ist. Management heißt, Probleme auf eine kreative Weise lösen. Leadership ist nicht so sehr eine Wissenschaft als eine Kunst. Die Kunst aber ist der höchste, lebendigste Ausdruck des Lebens. Kunst kommt von „können". Nicht nur *wissen,* sondern *können* sollen hauptsächlich Unternehmer und oberste Führungskräfte, um mit Erfindungsgabe und praktischem Sinn Menschen zu führen und Innovationen zu fördern, über den Dingen zu stehen, überall die Initiative zu ergreifen und neue Möglichkeiten zu entdecken.

In allen Unternehmungen lassen sich drei Arten von Führungskräften unterscheiden: Verwalter, Veränderer und Führende. *Verwaltungsmanager* „verwalten" nur und passen sich nicht an geänderte Situationen an; im Grunde sind sie geistig tot. Der *Veränderungsmanager* versucht, vereinbarte Ziele kreativ und innovativ zu erreichen. Unternehmungen brauchen Veränderungsmanager, wenn sie in turbulenten Zeiten überleben wollen. Ein *Führender* hat eine Vision oder einen Kernauftrag, erschließt neue Möglichkeiten, erfindet die Zukunft und vereinbart mit dem Veränderungsmanager attraktive Ziele. Er ist Vorbild und schafft Werte. Wir behandeln nur die Aufgaben- und Verantwortungsbereiche im Leadership und nicht im Management. Wir wollen zeigen, *was* Unternehmer und Führungskräfte tun müssen, um ihrer Zeit voraus zu sein, und *wie* sie es tun müssen. Im Mittelpunkt stehen die zehn Verantwortungsbereiche, die Unternehmer und Führungskräfte nicht delegieren können, wenn sie ihrer Leadership-Aufgabe gerecht werden wollen.

Die nicht-delegierbaren Aufgaben werden anschaulich und nachvollziehbar anhand des Leadership-Hauses dargestellt. Jeder Unternehmer und jede Führungskraft kann die verschiedenen „Säulen" des Leadership-Hauses überprüfen und nach Maßgabe seiner Situation und Möglichkeiten initiativ und kreativ gestalten. Damit wird in der Unternehmung eine einheitliche Sprache für *alle* Mitarbeiter eingeführt, die hilft, dass alle ihren Beitrag zur Zufriedenstellung der Kunden verstehen und pro-aktiv, engagiert und motiviert Werte für die Kunden und die anderen Partner der Unternehmung schaffen.

An dieser Stelle sei allen Unternehmern und Führungskräften gedankt, die uns mit Kritik und Rat beigestanden haben. Frau Andrea Mayr sei für ihre Geduld und Hilfe herzlichst gedankt. Dank gebührt auch dem Gabler Verlag für die sorgfältige Drucklegung der Arbeit.

Innsbruck/Genf, im Mai 1997

Hans H. Hinterhuber
Eric Krauthammer

Inhalt

1. Was heißt Leadership?

Ein Führender ist,
wer seinem eigenen Licht folgt.
Rumi

Definition

Leadership besteht aus drei Säulen:

1. Visionär sein: „Den Siegeswillen anspornen."
2. Vorbild sein – vorleben: „Engagement und Mut zeigen, Energien freisetzen sowie Innovationen und Talente fördern."
3. Den Unternehmenswert nachhaltig steigern: „Wohlstand für alle Partner schaffen."

Führende sind diejenigen, die das Gleichgewicht im gesamten sozialen Umfeld der Unternehmung schaffen und die Erwartungen der strategischen Partner der Unternehmung erfüllen.

Ziel

Das Ziel ist, die Unternehmung in den Geschäftsfeldern, in denen sie tätig ist oder sein will, zur Marktführerschaft zu führen, diese erfolgreich zu halten und eine überdurchschnittliche Rendite zu erzielen.

Leadership und Management

Es ist nicht die stärkste Gattung, die überlebt,
und auch nicht die intelligenteste,
sondern diejenige, die am besten
auf Veränderungen reagiert.
Charles Darwin

Leadership heißt, neue Möglichkeiten erschließen und umsetzen oder umsetzen lassen sowie die unternehmerischen Veränderungsprozesse so gestalten, dass Werte für die Kunden geschaffen und dadurch auch die übrigen Partner der Unternehmung zufrieden gestellt werden. *Management* heißt, Probleme auf eine kreative Weise lösen. Dafür gibt es eine Vielzahl von Instrumenten, Methoden und Einstellungen, mit denen die Unternehmung Wettbewerbsvorteile erzielen kann. Management lässt sich leichter erlernen als Leadership; in turbulenten Zeiten ist jedoch Leadership wichtiger als Management, wenn es darum geht, radikale Veränderungen durchzusetzen, um kreative und nachhaltige Leistungsverbesserungen zu erzielen. Die Unternehmung braucht beides, Leadership und Management, um in turbulenten Zeiten neue Möglichkeiten zu erschließen und die Kunden besser und schneller zufrieden zu stellen, als dies die Konkurrenten oder andere Referenzunternehmungen tun können. Leadership ist mit dem Beruf eines hoch qualifizierten Dirigenten oder Bauherrn, Management mit dem eines Kapellmeisters oder Baumeisters vergleichbar.

Ein Führender ist jeder, der andere in positivem Sinne beeinflusst und zu kreativem, initiativem Handeln inspiriert. Für unternehmerische Veränderungsprozesse ist Leadership nicht nur an der Spitze, sondern auf allen Verantwortungsebenen der Unternehmung erforderlich.

Leadership schafft neue Paradigmen, Management arbeitet innerhalb bestehender Paradigmen. Der Begriff „Führung" umfasst

Abb. 1: Die Einheit von Management und Leadership

Leadership *und* Management (Abb. 1). In diesem Buch geht es um Leadership.

Leadership ist die natürliche und spontane Fähigkeit, Mitarbeiter anzuregen, zu inspirieren und sie in die Lage zu versetzen, neue Möglichkeiten zu erschließen und umzusetzen sowie sich freiwillig und begeistert für die Verwirklichung gemeinsamer Ziele einzusetzen. Dazu bedarf es einer großen Energie seitens des Unternehmers oder der obersten Führungskräfte, aber auch Respekt und Ehrfurcht vor dem Menschen. Leadership-Verhalten und aufrichtiges Interesse für die Menschen und für sich selbst gehören zusammen. Die natürliche Autorität und Glaubwürdigkeit der Unternehmer und Führungskräfte hängt davon ab, ob ihre vorgelebte Vision, ihre Strategien und

Einstellungen von den Mitarbeitern akzeptiert werden oder nicht. Die wirklichen Wurzeln von Leadership liegen in Idealen und Werten sowie im selbstlosen Dienen und in einem Einsatz, der über den persönlichen Bereich hinausgeht. Der Kern von Leadership besteht darin, 1. eine *gemeinsame Sicht der Gegenwart und Zukunft* mit den Führungskräften und Mitarbeitern aufzubauen, die den Kundennutzen in den Mittelpunkt stellt, und 2. allen *Spielraum für eigenverantwortliches Denken und Handeln* auf der Basis einer Vision zu geben, an deren Erfüllung jeder mitzuarbeiten bereit ist.

Die beiden Leadership-Paradigmen

In Bereitschaft sein ist alles.
William Shakespeare

Die beiden grundlegenden Orientierungen für Leadership-Verhalten spiegeln zwei unterschiedliche Sichtweisen der Welt wider.

Nach dem ersten Paradigma ist der „Führende" der „Macher", der, wie z. B. Napoleon, von ungeheurer Energie getrieben, eine klare Richtung vorgibt und von seinen Mitarbeitern höchsten Einsatz zur Erreichung der vorgegebenen Ziele verlangt. Goethe meint: „Ein jeglicher muss seinen Helden wählen, dem er die Wege zum Olymp hinauf sich nacharbeitet."

Das zweite Paradigma dagegen sieht den „Führenden" als den Weisen, der im Geiste aufopfernden Dienens einer Gruppe von Menschen hilft, sich für eine Vision zu engagieren und sie umzusetzen. Die zentralen Elemente dieses Paradigmas sind Vertrauen, Verstehen, Einsatz, sich in die Lage der anderen versetzen, Offenheit, Einbindung der Mitarbeiter und Feedback. „Dienen heißt zuvorkommen", sagt Goethe.

Zwischen den beiden Paradigmen scheint ein Widerspruch zu bestehen, sodass man in Wissenschaft und Praxis geneigt ist, das eine zu akzeptieren und das andere abzulehnen. In diesem Buch wird die These entwickelt, dass sich beide Paradigmen ergänzen und dass, auch wenn das zweite bevorzugt wird, vom ersten gelernt werden kann und umgekehrt. In reaktiven unternehmerischen Veränderungsprozessen steht in der Regel der „unternehmerische Macher" im Vordergrund, während proaktive Veränderungsprozesse stärker auf dem dienenden Führungsverhalten aufbauen.

Wir müssen beide Paradigmen verstehen, vor allem aber müssen wir in der Lage sein, wenn wir dem zweiten den Vorzug geben, mit Unternehmern und Führungskräften zu kommunizieren, die in ihren Umstrukturierungsbemühungen dem ersten folgen. Es gibt Situationen im Leben der Unternehmungen, die dramatische, reaktive Veränderungen erfordern, und wieder andere, in denen dienendes Führungsverhalten der Schlüssel zum Erfolg ist.

Das Verstehen und Beherrschen beider Paradigmen scheint in Zukunft eine zentrale Eigenschaft für unternehmerische Spitzenleistungen zu sein.

Das Bleibende von Leadership liegt mehr:

- im *Sein als im Können* der Führenden,
- in den *Fragen,* die sie aufwerfen, und nicht in den Antworten, die sie fanden,
- in den *Wegen* und *Richtungen,* die sie beschritten, und nicht in den Zielen, die sie erreichten,
- in den *Mitarbeitern,* die sie auswählten und die ihre Vision und ihre Werte entsprechend den stets sich ändernden Verhältnissen *fortbildeten,*

- in der *Authentizität* und *Spontaneität* als in der Ausbildung,
- in der *Ursprünglichkeit* und *Intuition* als in der Bildung,
- in der *menschlichen Überlegenheit* als in bestimmten Sonderfähigkeiten.

Eine indische Fabel kann dies verdeutlichen. Ein Mann ging zu einem Berg und sagte: „Was für ein Narr du doch bist, oh Berg! Du kennst weder deine Größe, noch deine Höhe, noch deine Form. Ich aber weiß alles über dich!" Der Berg überlegte eine Weile und sagte dann: „Es stimmt, dass ich das alles nicht weiß; aber ich, *ich bin* der Berg!"

Nicht was ein Führender weiß oder hat, ist wichtig, sondern was er *ist,* d.h. welchen Grad von Bewusstheit, von Verständnis von sich, von den anderen und von der Welt er erlangt hat, also von seinem Sein, seiner Weltanschauung und von seinen Werten.

Der Unterschied zwischen Management und Leadership

Ich habe nie Probleme,
ich sehe nur Möglichkeiten.
K. Friedheim

Der Unterschied liegt im Zeithorizont der Verantwortung der *Führungskräfte und Unternehmer;* die folgende Gegenüberstellung veranschaulicht die unterschiedlichen Zeithorizonte und Verantwortungsbereiche im Management und Leadership:

MANAGEMENT	LEADERSHIP
Die vereinbarten (Jahres-)Ziele kreativ/innovativ erreichen (Abb. 2) Bestehendes optimieren	Das Kommende vorbereiten Die Veränderung antizipieren und herbeiführen
↓	↓
FÜHREN: mit konkreten Zielen (mess- + kontrollierbar) Mit außergewöhnlichen Aktivitäten außergewöhnliche Ziele erreichen Zeithorizont → ein Jahr	FÜHREN: mit Wünschen Mit außergewöhnlichen Wünschen außergewöhnliche Ziele vereinbaren Zeithorizont weiter als ein Jahr …
↓	↓
OPERATIONELL denken und handeln	EVOLUTIONELL-REVOLUTIONÄR vorausdenken und handeln

Das *Kommende vorbereiten* ist das Hauptelement von *Leadership.* Darunter verstehen wir die Auseinandersetzung mit den drei Säulen von Leadership (Abb. 3):

- Wer führen will, muss ein Visionär sein: Er muss *überzeugen* und *dienen,* er muss den Siegeswillen anspornen, indem er Sinn vermittelt und eine Richtung angibt.

- Er muss ein *Vorbild* sein; wirksam kommunizieren und in positivem Sinne Mitarbeiter in Bewegung setzen kann nur, wer selbst ein Beispiel gibt. Er muss Engagement zeigen, Mut beweisen, Energien freisetzen sowie Talente und Innovationen fördern.

- Er muss den Unternehmenswert nachhaltig steigern und somit Wohlstand für alle strategischen Partner schaffen.

Konkrete Ziele vereinbaren …
… gibt dem Mitarbeiter Sicherheit.
… gibt uns die Möglichkeit zum Loben.
… gibt dem Mitarbeiter die Möglichkeit, sich über das erreichte Ziel zu freuen.
… (Freude = Motivation).
… erlaubt eine konkrete Planung.
… führt zur Veränderung.
… provoziert den Mitarbeiter, konkrete Mittel/Wege zu suchen.
… führt, animiert zur Kreativität
… ist die Basis der Motivation.
… erlaubt, auf andere zu wirken, zu delegieren.
… führt zur Trennung von unfähigen Mitarbeitern.
… lässt unnötige Diskussionen nicht zu.
… erlaubt ein wirkungsvolles Controlling.

Ohne konkretes Ziel …
… reden wir von der Vergangenheit.
… beherrschen wir die Veränderung nicht mehr.

Abb. 2: Führen heißt konkrete Ziele vereinbaren = die Veränderung beherrschen

Führende müssen alle drei Anforderungen erfüllen. Jeder Unternehmer und jede Führungskraft muss sich die Frage stellen, ob er oder sie alle drei Anforderungen erfüllt. Wer auch nur eine Anforderung nicht erfüllt, wird seiner Leadership-Aufgabe nicht gerecht.

Diese drei Anforderungen müssen gemessen werden. Jack Welch drückt dies so aus: „The three most important things you need to measure in a business are customer satisfaction, employee satisfaction and cash flow. If you're growing customer satisfaction, your global market share is sure to grow, too. Employee satisfaction feeds your productivity, quality, pride, and creativity. And cash flow is the pulse – the key vital sign of a company."

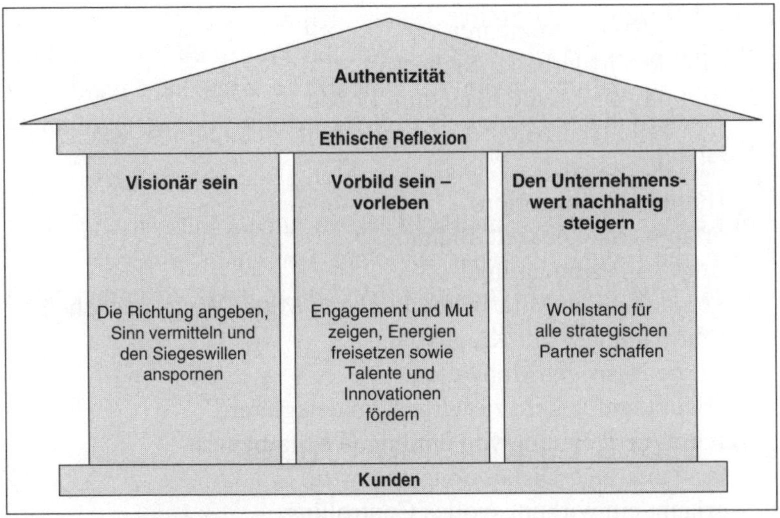

Abb. 3: Die drei Säulen von Leadership

Im Unterschied zum Manager, der ein Team-Player ist, ist der Leader ein Mentor. Was heißt Mentor oder Mentoring? Diese Frage, die das Wesen von Leadership betrifft, lässt sich wie folgt beantworten: Wir wollen in der Unternehmung ein *Klima des Helfens* schaffen!

Das bedeutet, dass Unternehmer und Führungskräfte ihren Mitarbeitern *helfen:*

- ihre Stärken zu erkennen und zu entwickeln
- ihr Verhalten zu verbessern
- in ihrer Arbeit den Sinn zu erkennen
- ihnen Erfolgserlebnisse zu vermitteln und
- zu den Besten in ihren Arbeitsgebieten zu werden

Das „Werkzeug“, das Führenden ein „Klima des Helfens“ zu schaffen erlaubt, ist die *offene Frage.* Wer das Fragen anderen überlässt und sich nur darum bemüht, das Problem zu lösen, kann nicht *agieren,* sondern nur *reagieren;* er oder sie betreibt Management, nicht Leadership.

Um richtige Lösungen für Probleme zu finden, müssen wir zuerst lernen, die *richtigen Fragen zu stellen.* Um eine *Chance zu erkennen und neue Möglichkeiten zu entdecken,* müssen wir lernen, noch bessere Fragen zu stellen.

Die sechs Leadership-Fragen

Ich arbeite stets mit der temperamentmäßigen
Überzeugung, dass es, im Grunde genommen,
keine unlösbaren Probleme gebe.
C. G. Jung

Leadership kennt sechs Frageformen:

1. Die Verständnisfrage

2. Die Zielvereinbarungsfrage

3. Die Sinnfrage

4. Die Machbarkeitsfrage

5. Die Kreativfrage

6. Die Commitmentfrage

1. Die Verständnisfrage

Jede Kommunikation, im Einzel- wie im Gruppengespräch, soll damit beginnen, dass sich die beteiligten Personen über das Thema klar werden und die gleiche Sprache sprechen.

In der Arbeitssitzung wie im Einzelgespräch soll das Thema schriftlich in der Tagesordnung wie im Protokoll festgehalten werden. Die Frage lautet: „Welches Thema besprechen wir?“ Wer die Tagesordnung bestimmt, der führt.

Die Gesprächspartner stimmen sich gemeinsam auf das Thema ab, das nach Klarheit über den Sinn besprochen wird.

2. Die Zielvereinbarungsfrage

Nachdem Thema und Sinn festgehalten sind, gehen wir gemeinsam der Zielvereinbarung entgegen. Bevor sich nicht alle Gesprächspartner für ein gemeinsames Ziel engagieren, ist es wertlos, das Gespräch überhaupt weiterzuführen. Dies ist auch der Grund, weshalb viele Gespräche und Arbeitssitzungen ohne konkrete Ergebnisse enden, weil nur über Wege und Mittel gesprochen wird und jeder Gesprächspartner ein anderes Ziel verfolgt.

Die Leadership-Zielvereinbarungsfragen lauten:

„Was ist die Chance?“

„Welche Möglichkeiten ergeben sich aus diesem Problem oder aus dieser Aufgabe?“

„Welches Ziel wollen wir erreichen?“

Im Managementbereich lautet die Frage: „Was ist das Problem, und wie wollen wir es lösen?“

Die Leadership-Zielvereinbarung ist eine *pro-aktive Zielvereinbarung;* wir wollen die Zukunft neu erfinden und wir sagen, wie wir die Zukunft wollen. Es ist dies ein *pro-aktives Denken* und *Handeln,* ein laufender Lernprozess. Lernen ist der Prozess der Vorbereitung auf neue Situationen.

Die Zielvereinbarung im Management beschränkt sich mehr auf Problemlösungen, die wir kreativ und innovativ angehen wollen.

3. Die Sinnfrage

Nur wer Sinn bietet, kann Leistung fordern. Nur wer Sinn bietet, kann auch das Ziel formulieren. Nur wer Sinn bietet, kann seine Mitarbeiter motivieren.

Darum müssen wir uns nach jeder Zielvereinbarung die Fragen „Warum?" und „Wozu?" stellen.

Die Fragen „Warum?" und „Wozu?" können auch mehrmals gestellt werden, um den Sinn der Aufgabe wirklich verständlich zu definieren.

4. Die Machbarkeitsfrage

Je mehr Freiheit wir an die Kompetenzzentren (Einzelpersonen oder Teams) abgeben, desto wichtiger sind einheitliche Führungswerte (Kulturverhalten) sowie einheitliche Richtlinien und eine einheitliche Kommunikationsbasis.

Das Ziel ist Selbstverwirklichung in der Arbeit durch:

- Beteiligung am Entscheidungsprozess
- Eigenverantwortlichkeit

- Freiheit, Risiken einzugehen und zu experimentieren
- Förderung von Innovationen
- entsprechende Anreizsysteme

Die Leadership-Aufgabe besteht darin, einen klaren Rahmen zu schaffen, in dem sich die Führungskraft innovativ und kreativ entfalten kann. Abbildung 4 beschreibt, wie dieser Rahmen angegangen werden kann. Das Leadership-Verhalten zeigt sich darin, dass Rahmenbedingungen für initiatives und kreatives Vorgehen der Führungskräfte im gegenseitigen Einvernehmen abgestimmt werden. Die drei wichtigsten Elemente dieses Rahmens sind: die Menschen, die Zeit und das Geld. Unerfahrene Unternehmer und Führungskräfte gehen dagegen vom Problem direkt zu den Aktionsplänen; diese Vorgehensweise schafft in der Regel mehr neue Probleme, als alte gelöst werden.

Die Leadership-Frage lautet:

Welche Rahmenbedingungen wünschen Sie, damit Ihr Beitrag zum Kundennutzen und/oder zur nachhaltigen Wertsteigerung der Unternehmung noch größer wird?

Jedem Mitarbeiter muss die Möglichkeit geboten werden, die Rahmenbedingungen vorzuschlagen, die es ihm erlauben würden, mehr zu leisten.

5. Die Kreativfrage

Wenn der Rahmen festgehalten ist, verfügen die Mitarbeiter oder das Team über den notwendigen Handlungsspielraum.

Die Leadership-Frage lautet:

Wie sehen *Sie* das Vorgehen?

Was schlagen *Sie* vor? Und nicht: Wir sollten … so vorgehen!

Wenn die Unternehmer und obersten Führungskräfte ihren Mitarbeitern Einblick in ihre strategischen Absichten und Überlegungen geben, dann laden sie diese gleichsam zur geistigen *Mitarbeit und Mitverantwortung* ein. Es ist eine Managementaufgabe der Mitarbeiter, Aktionen und Alternativvorschläge zu präsentieren sowie die geeignete Vorgehensweise vorzuschlagen.

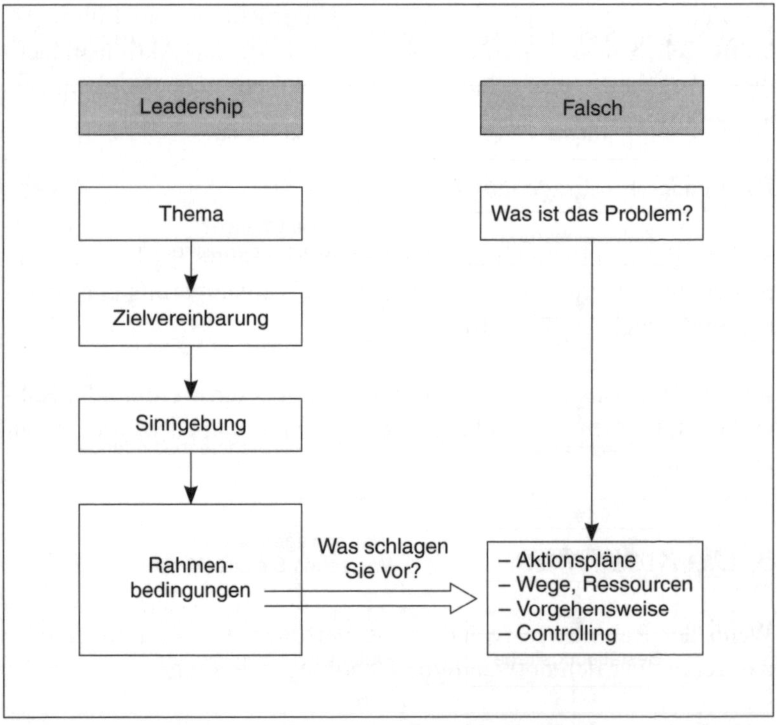

Abb. 4: Für das Tun die Verantwortung übergeben

6. Die Bestätigungsfrage (Das Commitment)

Wir möchten das Engagement des Mitarbeiters für seine Aufgabe.

Die Leadership-Fragen sind:

- Machen Sie mit?
- Kann ich auf Sie zählen? (Und nicht: Ich zähle auf Sie!)
- Sehen Sie das Vorgehen auch so?
- Werden wir mit diesem Vorgehen das Resultat erreichen?

In Abbildung 5 sind die sechs Leadership-Fragen zusammengefasst.

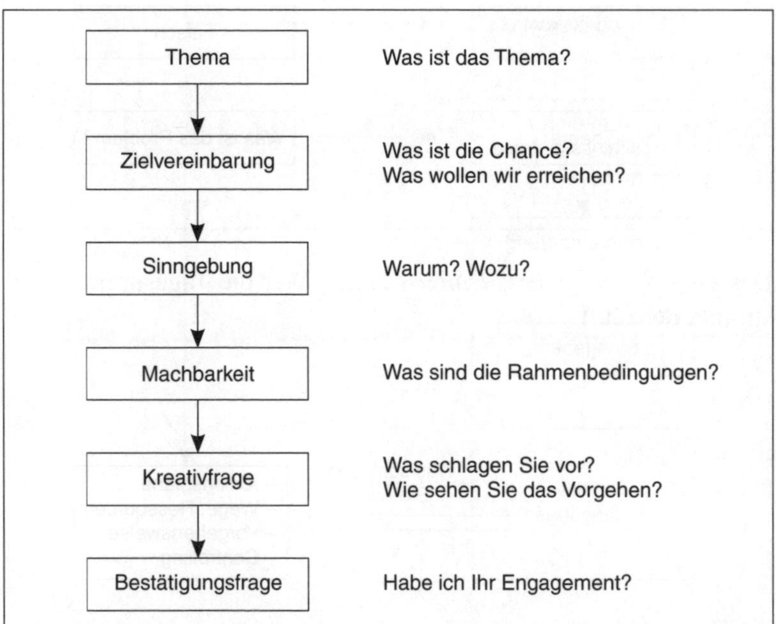

Abb. 5: Die sechs Leadership-Fragen im Überblick

Nach dieser Vorgehensweise kommen wir jetzt in die Phase der Umsetzung und der Kontrolle, es ist die Fortsetzung von Abbildung 4.

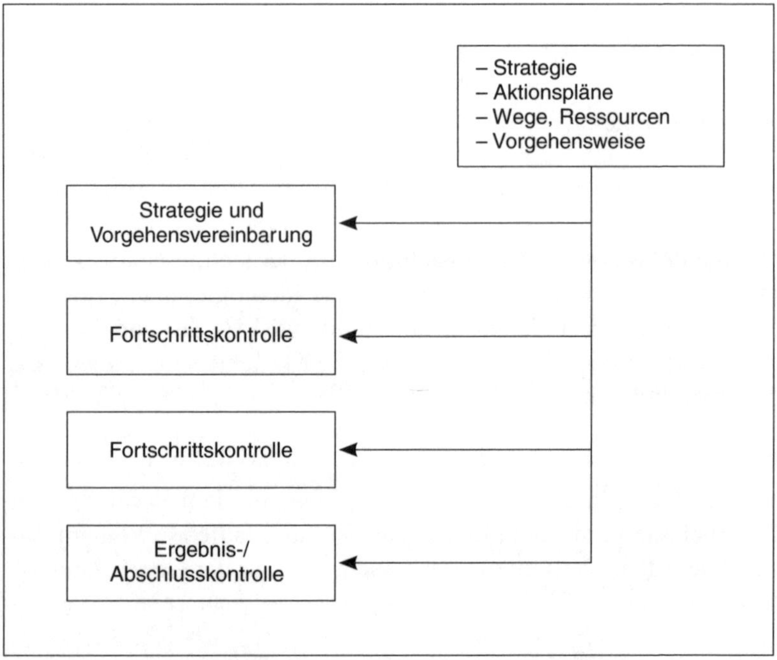

Das *Grundprinzip für Sitzungen* lautet: Wer die Tagesordnung bestimmt, der führt!

Die Identifikation als Barriere zum erfolgreichen Führen

Handle gegenwärtig so,
wie du in einigen Jahren
wahrscheinlich wünschen wirst,
jetzt gehandelt zu haben.
Peter Baltes

Die Identifikation ist die Einstellung, mit der sich jemand so in einen anderen, in eine Einrichtung, in eine Ideologie, in ein Problem hineindenkt, dass er gleichsam eins damit wird. Im Zustand vollständiger Identifikation *ist* er der andere, die Einrichtung, die Ideologie oder das Problem.

Wir können uns mit allem identifizieren, mit unserer Rolle als Unternehmer oder Führungskraft, mit einer Idee, mit dem Beruf, unserer Unternehmung, mit dem Land usw. Wir sind laufend in einem Zustand der Identifikation; was sich ändert, ist nur der Gegenstand der Identifikation.

Die Identifikation ist der Feind von Leadership, da sie alles erfassen kann, was Unternehmer und oberste Führungskräfte interessiert. Sie ist deshalb gefährlich, weil sie von vielen als herausragende, positive Eigenschaft gesehen und mit Begriffen wie Begeisterung, Engagement, Einsatz, Spontaneität und dergleichen mehr verbunden wird.

Die Identifikation ist der Verlust der persönlichen Freiheit; sie widersetzt sich dem Wandel. Unternehmer, die sich mit einer Führungskraft identifizieren, geraten in eine Konfliktsituation. Wenn wir uns mit unserer Arbeit oder einem Produkt identifizieren, stehen wir plötzlich auf der Straße.

Um der Identifikation zu entrinnen, gibt es nur einen Weg: Abstand nehmen und sich in die Position eines Beobachters begeben. Die Schlüsselbegriffe heißen Engagement und Selbstbeobachtung:

- Abstand nehmen von der Person,
- sich der Aufgabe nähern.

Identifikation	Engagement und Selbstbeobachtung
ist vergangenheitsorientiert ist personenbezogen führt zu Emotionen und Konflikten	ist zukunftsorientiert ist sachbezogen führt zu zukunftsorientierten Lösungen
↓	↓
Ich sehe mein Verhalten nicht. Ich werde von außen bestimmt. = *Keine Selbstbeobachtung*	Ich sehe mein Verhalten und bestimme es. Niemand kann mich erfreuen oder ärgern, wenn ich es nicht zulasse. = *Selbstbeobachtung*

In Abbildung 6 sind die drei Wege aufgezeigt, wie Führende sich von der Identifikation loslösen und zum Engagement kommen können.

Identifikation	Egagement und Selbstbeobachtung
Wir streichen das Wort „ABER" aus unserem Wortschatz …	… und ersetzen es mit einem „UND" plus eine offene Fragen, z. B. „Was schlagen sie vor?"
Gespräche und Sitzungen werden nur noch durchgeführt, wenn jeder sich …	… auf das Theme SCHRIFTLICH VORBEREITET HAT
Jedes Thema, das wir besprechen, endet mit …	… einer KONKRETEN ZIELVEREINBARUNG:

Abb. 6: Von der Identifikation zum Engagement

Ein Klima des Helfens aufbauen und dem Mitarbeiter Sicherheit vermitteln

Alles, was du anderen gibst, bleibt dein;
was du aber behältst, das ist verloren.
S. Rustaweli

Um ein Klima des Helfens aufzubauen, müssen die Führenden ihre Mitarbeiter kennen, ohne sich mit ihnen zu identifizieren. Ein solches Klima des Helfens lässt sich nur dann einrichten, wenn die Führenden die Mitarbeiter verstehen, ihre Beweggründe kennen und ihnen auf der emotionalen Ebene begegnen. Wir laden Unternehmer und Führungskräfte ein, an ihren nächsten Mitarbeiter zu denken und auf folgende Fragen eine Antwort zu geben:

1. Was sind, *nur gemäß ihm,* seine *Stärken?*

2. Was sind seine persönlichen unternehmerischen Zielvorstellungen?

3. Was sind seine privaten Zielvorstellungen?

4. Zu welchen Erfolgserlebnissen habe ich ihm letzthin verholfen?

5. Wo wünscht er meine konkrete Unterstützung?

6. Was sind seine Weiterbildungswünsche?

7. Was sind seine persönlichen Wertvorstellungen?

8. Welche konkreten Verhaltensweisen möchte er gerne verbessern?

9. Wie heißt seine Frau mit Vornamen?

10. Wie viele Kinder hat er, und wie heißen sie?

11. Wann hat er Geburtstag, und wie alt wird er?

12. Wie kann ich ihm innerlich weiterhelfen?

Ein Klima des Helfens zu schaffen heißt auch, dem Mitarbeiter Sicherheit vermitteln. Aber was heißt Sicherheit für den Mitarbeiter? Die Sicherheit liegt im Vorsprung und in der Zukunft der Unternehmung und nicht in der Vergangenheit. Deshalb muss der Planungshorizont der Unternehmer und obersten Führungskräfte nicht nur größer als der ihrer Mitarbeiter sein, sondern auch weiter in die Zukunft reichen als der der Konkurrenten. Der Planungshorizont der Führenden ist gleichzeitig ihr *Verantwortungshorizont.* Wenn die Führenden versuchen, weiter in die Zukunft zu blicken als ihre Mitarbeiter und die Konkurrenten und dafür die Verantwortung übernehmen, sind sie in der Lage, den Mitarbeitern Einblick zu geben, wohin die Reise geht. Denn gerade das will der Mitarbeiter vor allem wissen; wohin die Reise geht!

Vorsprung und Zukunft sind die beiden Aufgaben, welche die Führenden als 100-%-Letztverantwortliche wahrnehmen müssen. Das im Folgenden dargestellte Leadership-Haus enthält die Verantwortungsbereiche, die von den Führenden in ihrer Letztverantwortung abgedeckt werden müssen.

Das Leadership-Haus

Menschen, die nicht weit genug vorausdenken,
geraten zwangsläufig in Schwierigkeiten.
Konfuzius

Alle Metaphern für Leadership sind irreführend: Haus, Architektur, Spielfeld, Orchester oder Rad. Die Metaphern sind insofern problematisch, als sie im Wesentlichen statisch sind und Elemente des Wettbewerbs, des Wertewandels, der Macht und sich wandelnder Stakeholder-Erwartungen nicht erfassen. Die strategischen Stakeholder sind die Partner, Interessenträger oder Ansprechpartner, die von der Unternehmung zufrieden gestellt werden müssen und zur nachhaltigen Wertsteigerung der Unternehmung beitragen.

Wir verwenden trotz dieser Vorbehalte die Metapher des Hauses, weil sie eine Ganzheit zum Ausdruck bringt, die „Stockwerke" miteinander in Verbindung stehen und zeigt, dass ein Haus wie auch Leadership eine solide Grundlage braucht. Die Kunden sind das Fundament, auf dem das Leadership-Haus steht. Doch ist diese Metapher nicht statisch zu sehen, denn ein Haus kann gemietet, verändert oder den sich wechselnden Bedingungen angepasst werden.

Das in Abbildung 7 dargestellte Haus vermittelt anschaulich die nicht-delegierbaren Aufgaben des Unternehmers oder der obersten Führungskräfte. Diese zehn Aufgaben sind:

1. der Kernauftrag,

2. die Kernkompetenz(en),

3. die Kernprodukte und Kerndienstleistungen/Strategic Issues,

4. die Kerndifferenzierungen oder die Wettbewerbsvorteile,

5. die Ausgewogenheit der Persönlichkeit/das Well-being,

6. die Unternehmungskultur/die Kommunikation,

7. das Jahresleitbild/der Verhaltensauftrag

8. die Auswahl der Führungskräfte/die Organisation/die Prozesse,

9. die Strategien/das Erfolgscontrolling und

10. das Erscheinungsbild der Unternehmung/die Marke.

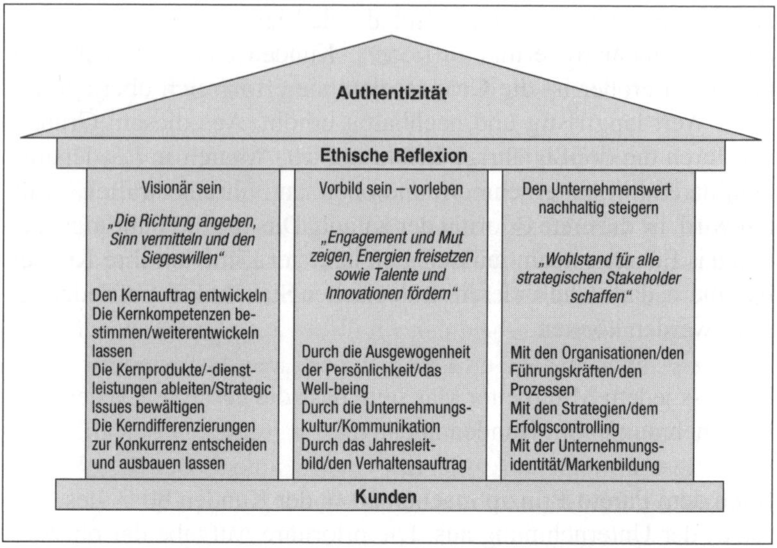

Abb. 7: Das Konzept „Leadership-Haus" für erfolgreiches Führen

Jede Säule und jeder Leadership-Bereich hängt mit allen anderen zusammen und ist im Grunde nicht isoliert zu behandeln. Die zehn Aufgaben werden im Folgenden so dargestellt, dass jeder Leser und jede Leserin den Übergang vom WAS zum WIE selbst bewältigen kann.

Die Kunden als Fundament des Leadership-Hauses

> Was nicht auf einer einzigen Manuskriptseite
> zusammengefasst werden kann, ist weder
> durchdacht noch entscheidungsreif.
> *Dwight D. Eisenhower*

Die Basis jeder erfolgreichen Unternehmung sind die Kunden. Eine Unternehmung ohne Kunden geht zugrunde. Sie kann ihre Partner oder Stakeholder – die Mitarbeiter, die Anteilseigner und die Financial Community, die Gesellschaft, die Lieferanten – nicht befriedigen. Je mehr treue und zufriedene Kunden eine Unternehmung hat, desto größer ist die Chance, dass sie erfolgreich überlebt und ihren Wert langfristig und nachhaltig erhöht. Aus diesem Grunde, der durch die dreißigjährige Erfahrung der Autoren in Leadership-Seminaren mit Unternehmern und obersten Führungskräften bestätigt wird, ist die erste Priorität der Kunde. Die oberste Führungskraft und das Führungsteam müssen sich in erster Linie um ihre Kunden kümmern, damit die anderen strategischen Stakeholder zufrieden gestellt werden können.

Es muss jedem Mitarbeiter klar sein, dass die gesamte Existenz der Unternehmung vom Kunden abhängt.

Nach dem Pareto-Prinzip machen 20 % der Kunden 80 % des Umsatzes der Unternehmung aus. Die prioritäre Aufgabe der obersten Führungskraft ist, diese 20 % der Kunden – die Kerngeschäftspartner – zu kennen, ihre Wünsche und Sorgen zu erforschen und in den Prozess der Weiterentwicklung der Unternehmung einzubinden. Es gibt genügend Beispiele, wie dank dieses Vorgehens Unternehmungen wertsteigernd in die Zukunft geführt wurden. Percy Barneviks erstes Anliegen bei seinen Besuchen der operativen Gesellschaften war es, gemeinsam mit dem Geschäftsführer die Kerngeschäftspartner zu besuchen. Louis Gerstner, Jack Welch und Bill Gates lebten Kundennähe vor und verbrachten einen bedeutenden Teil ihrer Tagesarbeitszeit mit diesen „20-%-Kunden". In kleinen und mittleren Unternehmungen ist dieses Vorgehen eine absolute Selbstverständlichkeit. Der Unternehmer hat gar keine andere Wahl. In allen Ländern prosperieren mittelständische Unternehmungen laufend, deren Führung sich die Kundennähe zur ersten Priorität gemacht hat.

Unternehmungen, die von Ingenieuren oder Naturwissenschaftlern geführt werden, haben oft mehr Schwierigkeiten, weil sie zu wenig kundenorientiert arbeiten. In der Vergangenheit wurde die Kundenorientierung häufig unterschätzt, weil der Kunde zum Produkt oder zur Dienstleistung gegangen ist. Typische Beispiele hierfür sind die Banken, Detailgeschäfte und Automobilhersteller. Heute müssen sich alle diese Branchen im Konkurrenzkampf aktiv um die Kunden bemühen. Wenn man sich um das Produkt kümmert, kommt es nicht zurück, wenn man sich um den Kunden kümmert, kommt er zurück.

Als Aufforderung zu einer Bewegung und Konkretisierung dieser ersten Priorität sollte sich die oberste Führungskraft:

- eine Liste dieser ±„20-%-Kunden" geben lassen,
- systematisch anfangen, diese Kunden in Begleitung des zuständigen, verantwortlichen Kundenbetreuers zu besuchen,
- im Gespräch mit dem Kunden dessen Erwartungen und häufig nicht-artikulierten Bedürfnisse herausfinden,
- entsprechende Impulse für die strategische Ausrichtung der Unternehmung geben.

Die zentrale Frage, die sich die oberste Führungskraft stellen muss, lautet: Wie viel Prozent meiner Zeit verbringe ich mit den Top-Kunden?

Lässt sich Leadership erlernen?

> Verkehre nur mit Leuten, die dich besser machen können, und lass solche sich an dich anschließen, die *du* besser machen kannst. So kommt es zu einer Wechselwirkung; man lernt, indem man lehrt.
>
> *Seneca*

Leadership ist nach unseren Erfahrungen erlernbar, wenn die entsprechende Begabung vorhanden ist. Zu dieser Begabung zählen wir die Liebe und die Freude im Umgang mit Menschen, den Respekt vor dem Menschen und seinen Vorstellungen, die Fähigkeit, sich immer wieder selbst in Frage zu stellen, über den Dingen zu stehen, verschiedene Perspektiven einzunehmen und Neugier für das Leben, für die Zukunft und für neue Möglichkeiten zu zeigen. „Man muss Menschen mögen", lautet eine alte Lebensweisheit.

Wenn diese Begabung vorhanden ist, lässt sich Leadership erlernen und weiterentwickeln, sofern man bereit ist, hart an sich selbst zu arbeiten. Leadership ist Arbeit an sich selbst.

Leadership lässt sich nicht erlernen, indem man Lehrsätze und Erfahrungen unreflektiert aneinanderreiht. Das führt vielleicht zu Wissen, nicht aber zu Verstehen. Leadership muss mit dem Menschen in täglicher, bewusster Führungsarbeit wachsen und zu einem Lebensstil werden. Das braucht Zeit und Geduld. Leadership ist eine Fähigkeit, die entwickelt werden kann.

Leadership heißt nicht nur Menschen inspirieren und neue Möglichkeiten erschließen, sondern beinhaltet auch eine große Verantwortung. Die Verantwortung besteht darin, das Potenzial der Mitarbeiter zur Entfaltung zu bringen und ihre Beschäftigungsfähigkeit zu fördern. Gute Führung entzündet in den Mitarbeitern den Wunsch, im Sinn der Strategie das Richtige zu tun.

Die theoretische Seite von Leadership ist, zusammenfassend, genauso vermittelbar wie jeder andere Lehrstoff. Erst wenn dem Leadership-Wissen gemäß gehandelt oder unterlassen wird, tritt Leadership wirklich ins Leben. Der Versuch, Leadership zu verbreiten, muss in jedem Falle gewagt werden: Je mehr Menschen zu Führenden entwickelt werden und Führungspositionen einnehmen, desto mehr ist für die Gesellschaft gewonnen.

Weiterführende Literatur

BENNIS, W.: Old Dogs, New Tricks. London 2000.

BENNIS, W. u. GOLDSMITH, J.: Learning to Lead. London 1997.

BIRKINSHAW, J.: Entrepreneurship in the Global Firm. London 2000.

CONGER, J. A. u. CANUNGO, R. N.: Charismatic Leadership in Organizations. Thousand Oaks 1998.

COVEY, S. R. u. MERRILL, A. R.: First Things First. New York 1999.

DEPREE, M.: Leadership is an Art. New York 1989.

DONNITHORNE, L. R.: The Westpoint Way of Leadership. New York 1994.

FRIEDRICH VON DEN EICHEN, St. A., HINTERHUBER, H. H., MATZLER, K. u. STAHL, H. K. (Hrsg.): Entwicklungslinien des Kompetenzmanagements. Wiesbaden 2004.

GARDNER, H. u. LASKIN, E.: Leading Minds. An Anatomy of Leadership. London 1996.

GARDNER, J. W.: On Leadership. New York 1990.

GEORGE, B.: Authentic Leadership. San Francisco 2003.

GREENLEAF, R. K.: Servant Leadership. New York 1991.

HINTERHUBER, H. H.: Leadership. Strategisches Denken systematisch schulen von Sokrates bis Jack Welch. 4. Aufl., Frankfurt am Main 2005.

HINTERHUBER, H. H., HANDLBAUER, G. u. MATZLER, K.: Kundenzufriedenheit durch Kernkompetenzen. 2. Aufl., Wiesbaden 2003.

HUNTER, J. C.: The Servant. Rocklin 1998.

HUNTER, J. C.: The World's Most Powerful Leadership Principle. How to Become a Servant Leader. New York 2004.

KOESTENBAUM, P.: Leadership. The Inner Side of Greatness. 2 Aufl., San Francisco 2003.

KOTTER, J. P.: What Leaders Really Do. Boston 1999.

KRAUTHAMMER, E. u. HINTERHUBER, H. H.: Der Kunde als Botschafter. 2. Aufl., Berlin 2005.

KRAUTHAMMER, E. u. HINTERHUBER, H. H.: Wettbewerbsvorteil Einzigartigkeit. 2. Aufl., Berlin 2005.

PECHLANER, H., HINTERHUBER, H. H. u. HAMMANN, E.-M.: Unternehmertum und Unternehmensgründungen. Wiesbaden 2005

ROBBINS, St. P.: The Truth About Managing People. London 2003.

SCHMID, W.: Philosophie der Lebenskunst. Frankfurt am Main 1998.

SPEARS, L. C. (Hrsg.): Reflections on Leadership. How Robert K. Greenleaf's Theory of Servant Leadership Influenced Today's Top Management Thinkers. New York 1995.

TICHY, N. M. u. COHEN, E.: The Leadership Engine. How Winning Companies Build Leaders at Every Level. New York 1997.

TICHY, N. M. u. CARDWELL, E.: The Cycle of Leadership: How Great Leaders Teach Their Companies to Win. New York 2002.

WEINERT, A. B.: Organisationspsychologie. 5. Aufl., Weinheim 2004.

WICKHAM, Ph. A.: Strategic Entrepreneurship. 2. Aufl., Harlow 2001.

WREN, T. J.: Leader's Companion. Insights on Leadership Through the Ages. New York 1995.

2. Leadership-Verantwortung: Kernauftrag

Wenn du ein Schiff bauen willst,
so trommle nicht die Männer zusammen,
um Holz zu beschaffen,
Werkzeuge vorzubereiten
und Aufgaben zu vergeben,
sondern lehre die Männer die Sehnsucht
nach dem endlosen Meer.
Antoine de Saint-Exupéry

Definition

Die Vision oder der Kernauftrag ist:

- die Sinngebung der Unternehmung, d. h. das „Warum“ und „Wozu“,
- das Bild einer wünschenswerten und richtungsweisenden Zukunft → Leitstern,
- die Antwort auf die Bedürfnisse der Umwelt (Vision) oder Kunden (Kernauftrag).
- Die Frage, die zur Vision führt, lautet:
  Welches Bedürfnis der *Gesellschaft* will die Unternehmung erfüllen?
- Die Frage, die zum Kernauftrag führt, lautet:
  Welchen Mehrwert will die Unternehmung ihren *Kunden* bieten?

Ziele

Die Ziele des Kernauftrages sind:

- Zu bewirken, dass sich alle Mitarbeiter engagieren, pro-aktiv in Richtung des Kernauftrages zu denken und zu handeln und
- Wettbewerbsvorteile aufzubauen und/oder zu halten.

Die Kennzeichen einer Vision oder eines Kernauftrages

Nenne dich nicht arm, weil deine Träume
nicht in Erfüllung gegangen sind;
wirklich arm ist nur, der nie geträumt hat.
Marie von Ebner-Eschenbach

In einer Welt, in der keine zuverlässigen Prognosen möglich sind und in der es keine sicheren Orientierungspunkte gibt, muss die Unternehmung immer darauf vorbereitet sein, nicht vorhergesehene Möglichkeiten zu nutzen, schlecht kalkulierte Risiken abzuwenden oder die Antwortgeschwindigkeit auf unerwartete Ereignisse zu erhöhen, um sich nicht von den Konkurrenten distanzieren zu lassen. Dazu braucht sie eine Vision oder einen Kernauftrag, der, wie der Polarstern, die *Richtung* angibt, in die sich die Unternehmung entwickeln will und allen Führungskräften und Mitarbeitern *Sinn* für ihr Tun vermittelt.

Kann die Unternehmung ein Bedürfnis der Gesellschaft definieren, sprechen wir von Vision; kann sie das nicht, was in der Welt der Unternehmungen häufig der Fall ist, sprechen wir von Kernauftrag und verstehen darunter den Mehrwert, den die Unternehmung ihren Kunden bieten will. Wir benutzen beide Begriffe synonym, ziehen jedoch den konkreteren Begriff des Kernauftrags vor.

Das Wesen der Vision liegt mehr in der Richtung, in die sie weist, und weniger in den Grenzen, die sie setzt; sie liegt mehr in dem, was sie ins Leben ruft, als in dem, was sie abschließt; mehr in den Fragen, die sie aufwirft, als in den Antworten, die sie für diese findet. Jede wirkliche Vision weist offene Richtungen und schließt nichts innerhalb ab; sie ist unberührt und unbeengt durch materielle Gesichtspunkte.

Die Vision ist ein wichtiges Führungsinstrument, um neue Werte in die Unternehmungspolitik und Unternehmungskultur zu bringen. Sie erschließt neue Horizonte, die die strategische Ausrichtung der Unternehmung als Ganzes oder einzelner Geschäftseinheiten verändern können.

Die Vision entsteht aus dem inneren Drang eines einzelnen Menschen, ein Bedürfnis in der Außenwelt, im Markt oder in der Gesellschaft zu erfüllen. Alle Großen in der Geschichte – Henri Dunant, Heinrich Pestalozzi, Albert Schweitzer, Theodor Herzl, Henry Ford, Heinz Nixdorf, Konrad Adenauer, John F. Kennedy, um nur einige zu nennen – hatten eine Vision, die sie dem Verständnis ihrer Mitmenschen nahe brachten.

Die Vision ist vergleichbar mit dem Polarstern. Die wegsuchende Karawane in der Wüste, deren Landschaftsbild sich in Sandstürmen dauernd ändert, richtet ihre Reise an den Leitbildern des Sternenhimmels aus. Die Sterne sind nicht das Ziel der Reise; sie sind aber eine sichere Orientierung für den Weg in die Oase, gleich aus welcher Richtung die Karawane diese anstrebt, mit welcher Reiseausstattung sie versehen und wie unwegsam das Gelände ist. Um sicher in die Oase zu gelangen, müssen aber alle Beduinen „mit einem Auge am Boden" bleiben und von der Orientierungsfähigkeit des Karawanenführers überzeugt sein, denn sonst gerät die Karawane in Treibsand.

Genauso, wie die Vision eines Unternehmers richtig sein kann, kann sie natürlich auch falsch sein; erst im Nachhinein kann sie sich als Illusion herausstellen. Letzteres ist dann der Fall, wenn der Unternehmer oder die obersten Führungskräfte die Unternehmung nicht richtig in ein Gesamtgeschehen eingefügt haben. So hat sich Reuters Vision eines integrierten Hochtechnologiekonzerns für Daimler-Benz beispielsweise als Illusion erwiesen.

Je klarer die Vision die Richtung angibt, in die sich die Unternehmung bewegen soll, desto größer ist die Glaubwürdigkeit des Unternehmers oder der obersten Führungskräfte, die sie verkörpern. Die Vision hat aber auch einen *symbolischen* und *erzieherischen Charakter.* Sie erzeugt Werte und Normen und muss die Gefühle der Führungskräfte und Mitarbeiter, aber auch der anderen Stakeholder ansprechen. Diese Werte und Normen müssen vom Unternehmer und den Führungskräften auch tatsächlich vorgelebt und von den Mitarbeitern akzeptiert und mit Leben erfüllt werden. Wenn die Vision einen symbolischen Charakter hat, dann wird sie zu einer Art Etikett oder Auftrag für ein gemeinsames Unterfangen, an dem jeder mit Einsatz und Freude mitarbeitet.

Wenn die Vision den „Rahmen für die Zukunft" absteckt, werden für die Mitarbeiter das unternehmerische Geschehen transparenter, die Strategien einsichtiger und die Entscheidungen nachvollziehbarer; die Mitarbeiter können auch ihren Freiheitsspielraum wirksamer nutzen als im Falle des Fehlens einer Vision. Die Vision muss deshalb, wenn sie ihrem erzieherischen Charakter gerecht werden will, so kommuniziert und erklärt werden, dass jeder in der Unternehmung sich selbst positionieren und seine Rolle im Gesamtspiel erkennen kann.

Die Vision ist deshalb auch eine wichtige *Quelle der Motivation.* Sie stärkt das Selbstvertrauen, die Initiative, die Verantwortungsfreudigkeit und das pro-aktive Handeln der Mitarbeiter, die in einem als sinnvoll erkannten Rahmen zu einem gemeinsamen Gesamtergebnis beitragen können. Die Vision erleichtert die Umsetzung von Konzepten wie Total Quality Management, Six Sigma, CRM, Zeitwettbewerb und Prozessmanagement. Diese Konzepte beruhen auf

„Bottom-up"-Ansätzen, die sich in der lernenden Organisation mit dem „Top-down"-Ansatz der Vision verbinden lassen.

Die Vision verbindet die *Stabilität einer langfristigen Perspektive* mit der *Flexibilität der Anpassung* an Veränderungen im Umfeld der Unternehmung. Wir fassen zusammen:

Die Vision ist Sache eines Einzelnen. Die Frage, die zur Vision führt, lautet: Welches Bedürfnis der Gesellschaft will ich mit der Unternehmung erfüllen?

Die Formulierung des Kernauftrags ist Sache der Unternehmungsleitung. Die Frage, die zum Kernauftrag führt, lautet: Welchen Mehrwert will die Unternehmung ihren Kunden bieten?

Wie kommt man zu einem Kernauftrag, und wie wird dieser umgesetzt?

Wer über den Dingen steht,
der bringt sie zur Vollendung.
I Ging

Nur von einer höheren Warte aus hat man den Blick für einen Kernauftrag. Um einen Kernauftrag fassbar zu machen und ihn umzusetzen, sind vier Schritte notwendig:

- die schriftliche Formulierung des Kernauftrages,
- die Kommunikation,
- die Umsetzung und
- das Vorleben.

Die schriftliche Formulierung des Kernauftrages

Große Männer wie Friedrich der Große, Gandhi, Bismarck, Adenauer, Nelson Mandela oder Gorbatschow hatten eine Vision und haben diese umgesetzt. Eine Vision ist, wie erwähnt, immer mit einem Individuum verbunden und nie mit einer Gruppe. Die Formulierung der Vision oder des Kernauftrages ist eine nicht-delegierbare Aufgabe der Führenden. Der Auftrag muss gelebt werden. Person und Auftrag sind nicht zu trennen. Der Auftrag muss schriftlich festgehalten werden, damit er dem Verständnis aller Mitarbeiter nahe gebracht werden kann.

Die folgenden Fragen führen zur Auftragsfindung:

- Warum braucht unsere Unternehmung einen Kernauftrag?
- Was ist der Sinn unserer Unternehmung?
- Welchen langfristigen Nutzen stiftet unsere Unternehmung für die Gesellschaft?
- Wo helfen wir mit, unsere Kunden erfolgreich zu machen? („Wie mache ich meine Kunden noch erfolgreicher?" zählt zur Strategie.)
- Welchen Wunschtraum erfüllen wir unseren Kunden? Welche wettbewerbsfähigen Lösungen bieten wir unseren Kunden? Was macht den Kunden noch wettbewerbsfähiger und/oder erhöht dessen Lebensqualität?
- Was ist mein Beitrag zu dieser Welt?

Beispiele:

- *Eine italienische Nahrungsmittelunternehmung:*
  Wir verbreiten den italienischen Ernährungsstil in der Welt.

- *Die SGE einer chemischen Unternehmung:*
  Als einer der weltweit führenden Hersteller von qualitativ hochwertigen organischen Pigmenten leisten wir einen wesentlichen Beitrag zu einer farbenfroheren Welt.

- *Ein Leuchtenhersteller:*
  Wir wollen mit Licht Erlebniswelten schaffen, Arbeit erleichtern, Kommunikation und Sicherheit erhöhen bei optimaler Schonung der Umwelt.

- *Eine Lebensversicherungsgesellschaft:*
  Wir bieten sichere und verständliche Lösungen der Vorsorge an, die unseren Kunden Sicherheit vermitteln.

- *SOS-Kinderdorf:*
  Jedes Kind wächst als Teil einer Familie auf – *geliebt, beachtet und behütet.*

- *Ein Herausgeber einer Gratiszeitung:*
  Die Wirksamkeit der Werbung im Dienst des Erfolges der einheimischen Kaufleute.

- *Die Vision einer Behindertenwerkstätte:*
  Wir wollen mit unseren Produkten und Dienstleistungen der größtmöglichen Zahl von Behinderten eine attraktive Beschäftigung anbieten, um ihr materielles und moralisches Wohlergehen zu verbessern.

- *Eine Computerfirma:*
  Der Welt einen Dienst erweisen durch die Herstellung von Werkzeugen für den Geist, die der Menschheit weiterhelfen.

- *Die Vision einer pharmazeutischen Unternehmung:*
  Die Qualität menschlichen Lebens durch innovative humanmedizinische Produkte verbessern.

- *Die Vision der Unternehmungsführungslehre:*
  Sie will einen Beitrag leisten zur Schaffung eines allgemeinen Wohlstandes und zur Sicherung des sozialen Friedens.

Die Kommunikation

Die Kommunikation erfolgt schriftlich im Leitbild; darüber hinaus muss der Auftrag dem Mitarbeiter vom zuständigen Vorgesetzten erklärt werden. Die Kommunikation des Auftrages erfolgt in einem Stufenprozess von oben nach unten, um *jeden* Mitarbeiter und *jede* Mitarbeiterin in der Unternehmung zu engagieren, sich begeistert für gemeinsame Ziele und Aufgaben einzusetzen. Das Ziel ist, dass sich jeder Mitarbeiter und jede Mitarbeiterin bewusst sein muss, dass er oder sie einen Beitrag zur Kundenzufriedenheit leisten muss, so wie der Auftrag der Unternehmung es ausdrückt.

Vergessen wir nicht: Leadership bedarf eines Kernauftrages. Der Heilige Benedikt schreibt sie seinen Mönchen prägnant nieder: In Einheit mit Gott leben durch Einheit untereinander.

Ein Leben ohne Auftrag wäre wie ein Leben ohne inneres Feuer. Ein Auftrag ist so lange gültig, wie Potential da ist.

Die Realisierung des Auftrages

Die Umsetzung eines Kernauftrages wird nur dann erfolgreich sein, kann nur dann die Leistungsgrenze übertreffen, wenn die gesamte Unternehmung den Auftrag trägt. Die strategischen Kernziele und die konkreten Jahresziele, auf die später eingegangen wird, müssen sich ganz in Richtung des Auftrages bewegen.

Vorbild sein/vorleben

Ein Auftrag wird sich nur dann durchsetzen, wenn er von der obersten Führungskraft, top-down, in Einstellung und Verhalten vorgelebt wird.

Weiterführende Literatur

CALORI, R. u. DE WOOT, Ph.: An European Management Model. Beyond Diversity. New York 1998.

DEPREE, M.: Leadership Jazz. New York 1993.

GANDOSSY, R. u. EFFRON, M.: Leading the Way. New York 2004.

GUNTERN, G.: Sieben Goldene Regeln der Kreativitätsförderung. 2. Aufl., Zürich 1999.

HINTERHUBER, H. H. u. MATZLER, K. (Hrsg.): Kundenorientierte Unternehmungsführung. 4 Aufl., Wiesbaden 2004.

HINTERHUBER, H. H. PECHLANER, H., KAISER, M.-O. u. MATZLER, K. (Hrsg.): Kundenmanagement als Erfolgsfaktor. Berlin 2003.

HINTERHUBER, H. H.: Leadership. Strategisches Denken systematisch schulen von Sokrates bis Jack Welch. 4 Aufl., Frankfurt am Main 2005.

KOESTENBAUM, P.: The Philosophical Consultant. San Francisco 2004.

KRAUTHAMMER, E. u. HINTERHUBER, H. H.: Wettbewerbsvorteil Einzigartigkeit. 2. Aufl., Berlin 2005.

KRAUTHAMMER, E. u. HINTERHUBER, H. H.: Der Kunde als Botschafter, 2. Aufl., Berlin 2005.

NANUS, B.: Visionary Leadership. 2. Aufl., San Francisco 2001.

NEFF, Th. J. u. CITRIN, J. M.: Lessons from the Top. New York 1999.

RAICH, M.: Führung als linguistisches Konstrukt. Eine ganzheitliche Analyse von Führungsprozessen. Wiesbaden 2005.

WUNDERER, R.: Führung und Zusammenarbeit. 5. Aufl., München und Neuwied 2003.

3. Leadership-Verantwortung: Kernkompetenzen

Tue nie, was andere tun.
Entweder tu gar nichts und
geh einfach zur Schule oder mach etwas,
was sonst niemand tut.
Ratschlag einer Großmutter
an ihren Enkel (Gurdjieff)

Definition

Kernkompetenzen sind das, was in der Unternehmung gut beherrscht und gut ausgeführt wird. Sie sind eine Kombination und Koordination von Know-how, Mitarbeiterpotenzial, Prozessen, Technologien, dynamischen Fähigkeiten, Einstellungen und Sachressourcen.

Ziele

- Optimale Beherrschung und Konzentration auf die Kernkompetenzen sowie deren Weiterentwicklung, um Meister zu werden,
- Zugang zu einer Vielzahl von Märkten durch Kernprodukte und -dienstleistungen, die auf den Kernkompetenzen aufbauen,
- Halten der Wettbewerbspositionen der gegenwärtigen Kernprodukte und -dienstleistungen,
- Vergabe an Dritte der Tätigkeiten, bei denen die Unternehmung nicht zu den „Klassenbesten“ zählt.

Die Kernkompetenzen als Grundlagen der Wettbewerbsfähigkeit der Unternehmung

Nur dem hilft Gott, der alle Kraft
in sich selbst aufbietet.
Moltke

Die Sicherheit der Unternehmung und damit die der Mitarbeiter liegt in der Zukunft, d. h. in einem klaren und für alle verständlichen Kernauftrag, für dessen Erfüllung sich alle voll engagieren. Der Kernauftrag muss etwas verändern und dem Kunden einen Mehrwert bieten.

Während die Vision Sache eines Einzelnen ist, ist die Formulierung des Kernauftrags Aufgabe des Führungsteams der Unternehmung. Vision und Kernauftrag können sich aus einer Kernkompetenz entwickeln.

Die Kernkompetenz ist die Antriebskraft der Unternehmung, dem Motor im Auto vergleichbar. Sie erlaubt es, den Kernauftrag zu erfüllen.

Aus der Kernkompetenz werden die Kernprodukte und Kerndienstleistungen abgeleitet. Je besser die Unternehmung in der Kernkompetenz ist, desto stärker kann sie ihre Kernprodukte und Kerndienstleistungen differenzieren und, im Idealfall, den Kunden begeistern.

Die Unternehmung sichert sich Wettbewerbsvorteile dadurch, dass sie im Vergleich zu ihren Konkurrenten Kernkompetenzen auf eine *differenzielle* Weise weiterentwickelt und für die Erhöhung des Mehrwertes ihrer Produkte und Dienstleistungen für die Kunden nutzt. Dabei ist entscheidend, dass eine organisationale Wissensbasis aufgebaut wird, die möglichst allen Führungskräften zugänglich ist.

Kernkompetenzen

- sind nicht explizit „greifbar“ oder „sichtbar“,
- sind in der „Tiefenstruktur“ der Organisation verankert,
- können nur durch ein Zeit raubendes „Learning by Doing“ angeeignet werden,
- sind ein „Tacit Knowledge“.

Die Kernkompetenz von Swatch bezieht sich auf „emotionale Güter“ und besteht aus einer Kombination von Automatisierungstechnologie, Design, Marketing und Informationssystemen. Swarovskis Kernkompetenzen liegen im Bereich der Schleifsteintechnologie, des Designs und des Marketings. Die Kernkompetenz „makes the economic engine of a firm tick“ (Hamel) und trägt in entscheidendem Maße zur Kundenzufriedenheit und somit zur nachhaltigen Wertsteigerung der Unternehmung bei; sie ist dafür verantwortlich, dass die Unternehmung in ihren Marktsegmenten zu den führenden Wettbewerbern zählt.

Kernkompetenzen sind zusammenfassend:

1. spezifische Fähigkeiten in einzelnen Funktionsbereichen, z. B. im Marketing, in der Produktion, in der Forschung und Entwicklung; der italienische Chemiekonzern Montedison z. B. hat jahrelang mit Hilfe der Erfindungen eines Mitarbeiters, des Nobelpreisträgers Giulio Natta, seinen Wert gesteigert;

2. spezifische Fähigkeiten, die mehrere Funktionsbereiche umfassen, z. B. im Technologiebereich, in der Informationstechnologie, in der Logistik;

3. Geschäftsprozesse, die bereichsübergreifend auf die Zufriedenstellung der Kunden, aber auch der anderen Stakeholder gerich-

tet sind. Ein Beispiel hierfür ist die Kernkompetenz von Benetton, die auf der Prozessebene liegt: Zuschnitt, Färbung, Design, Marketing und Verkaufsinformationen werden von Benetton so beherrscht, dass dadurch der Markt für Freizeit-, Sport- und Kinderbekleidung revolutioniert wurde.

Ein Beispiel für die Übertragung von Kernkompetenzen von einem Bereich auf einen ganz anderen findet sich in der Musikgeschichte im Köchelverzeichnis, abgekürzt KV, dem chronologisch-thematischen Verzeichnis sämtlicher Tonwerke Mozarts. Ludwig Ritter von Köchel (1800–1877), der in den Nachschlagwerken als Musikexperte genannt wird, war in Wirklichkeit Professor für Botanik und Mineralogie an der Technischen Hochschule in Wien, der naturwissenschaftliche Methoden für die Klassifizierung von Tonwerken benutzt hat.

Die Konzentration auf Kernkompetenzen führt:

1. zu Wachstumsprozessen der Unternehmung, wenn neue Märkte erschlossen und Möglichkeiten in großem Maßstab genutzt werden,

2. zu Schrumpfungsprozessen, wenn sich die Unternehmung von Geschäftseinheiten und/oder Stufen der Wertschöpfung trennt, die keinen Bezug zu den Kernkompetenzen aufweisen und von Dritten effizienter betrieben werden können.

Die Führenden müssen der Beherrschung und Weiterentwicklung der Kernkompetenzen ihre uneingeschränkte Aufmerksamkeit widmen, weil davon die Länge und Breite der Wertschöpfungskette, die Outsourcing-Entscheidungen sowie der strategische Rückzug aus den Geschäftsfeldern oder Tätigkeitsbereichen abhängen, in denen die Unternehmung kein „Best Player“ ist. Mit Hilfe der Kernkompetenzen lassen sich neue Geschäftsfelder erschließen, da die Unternehmung (wie der Minivan, der Walkman und andere Beispiele zeigen) häufig besser weiß, was für den Kunden wirklich von Nutzen ist, als dieser selbst.

Die nicht-delegierbaren Aufgaben der Führenden im Bereich der Kernkompetenzen betreffen:

- die Bestimmung der gebündelten Fähigkeiten, die in der Unternehmung als Kernkompetenzen anzusehen sind,
- die Kommunikation der Kernkompetenzen,
- deren Realisierung und Weiterentwicklung,
- das Vorleben der Führungswerte.

Kernkompetenzen finden

Fantasie ist wichtiger als Wissen.
Wissen ist begrenzt. Fantasie aber
umfasst die ganze Welt.
Albert Einstein

Kernkompetenzen lassen sich mit Hilfe der folgenden Fragen finden:

- Was ist unser größtes Know-how?
- Was ist unser größtes Wissenspotential?

  Wissenspotential ist nicht nur unser Vorrat an Informationen und unser persönliches Know-how, sondern auch

  - unsere Fähigkeiten der geistigen Vorstellung und gemeinsamen Sicht der Zukunft,
  - unsere Kenntnisse,
  - unsere Erfahrungen,

- unsere Überzeugungen/Werte sowie die Deutung der Bedürfnisse der Gesellschaft.

- Wo sind wir oder in was sind wir die Besten?

  Wie können wir damit neue Märkte erfinden/neue Dinge tun?

  Und nicht etwa: Wie können wir mit neuen technischen/technologischen Möglichkeiten den Arbeitsprozess verkleinern?

- Was ist unser größtes Technologiepotential?

- Was sind unsere größten gebündelten Fähigkeiten/Stärken?

- Welche wichtigste erkennbare Funktion übt unser wichtigstes Produkt/unsere wichtigste Dienstleistung aus? (Vom Produktdenken zum Funktionsdenken.)

Die Kernkompetenz ist nie das Produkt selbst. Sie ist wohl im Produkt und in den damit verbundenen Dienstleistungen „materialisiert“, steht aber hinter diesen und muss die Unternehmung erfolgreich machen. Die Kernkompetenz muss zu einem außerordentlichen Wettbewerbsvorteil für den Kunden führen, der sich von dem der Konkurrenz klar unterscheidet.

Wenn die Kernkompetenz einwandfrei bestimmt ist, müssen die Führenden weiterführende Fragen stellen:

1. Was muss die Unternehmung heute und in Zukunft besser als die Konkurrenz können?

2. Was sind die Quellen, die zur Kernkompetenz geführt haben? (Abb. 8)

3. Wie können diese Quellen verstärkt werden?

4. Welche neuen Quellen können erschlossen werden?

5. Welche neue Kernkompetenz könnte daraus entstehen?

Weniger erfolgreiche Produkte sind solche, in die die Kernkompetenzen der Unternehmung nicht einfließen.

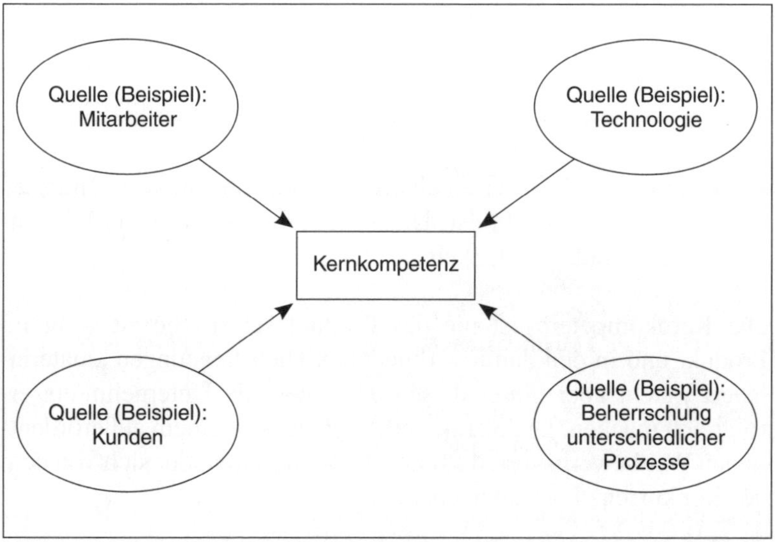

Abb. 8: Die Leadership-Fragen: Was sind die Quellen der Kernkompetenz der Unternehmung, wie können sie verstärkt werden, und welche neuen Kernkompetenzen können daraus entstehen?

Beispiele von Kernkompetenzen:

Unternehmung	**Kernkompetenz**	**Kernprodukte**
Swarowski	Schleifsteintechnologie, Design und Marketing sowie Schaffen von „Events“	Glastiere, Modeschmuck, Kristallleuchten, Lustersteine
SMH	Prozessautomatisierung Design, Marketing	Swatch-Uhren Telefone
Honda	Motorenbau Antriebstechnik Service	Autos Motorräder Generatoren Rasenmäher
3M	Beschichten und Verbinden verschiedenartiger Materialoberflächen	
Sony	Miniaturisierung	Walkman TV, Radio
Canon	Feinmechanik Optik MikroelektroniK	Kameras Drucker Kopieren Faxgeräte
Ente (Spital)	Die ganzheitliche Ausrichtung auf den Patienten	

Abschließend lässt sich sagen, dass Kernkompetenzen die Basis von sämtlichen Aktivitäten sind, die zu einem Produkt und/oder einer Dienstleistung führen; sie sind das Ergebnis von etwas, das wir gut und besser als die anderen machen.

Weiterführende Literatur

ABRAHAMSON, E.: Change Without Paine: How Managers Can Overcome Initiative Overload, Organizational Chaos, and Employee Burnout. Boston 2004.

BOSSIDY, L. u. CHARAN, R.: Confronting Reality: Doing What Matters to Get Things Right. New York 2004.

CADBURY, A.: Corporate Governance and Chairmanship: A Personal View. New York 2002.

CHARAN, R.: Profitable Growth is Everyone's Business. New York 2004.

FRIEDRICH von den EICHEN, St. A.: Der Ressourcenansatz in der strategischen Unternehmungsführung. Wiesbaden 2001.

GRANT, R. M.: Contemporary Strategy Analysis, 5. Aufl., Oxford 2005.

HAMEL, G. u. PRAHALAD, C. K.: Competing for the Future. Boston 1996.

HAMEL, G.: Leading the Revolution. Boston 2000.

HELFAT, C. E. (Ed.): The Evolution of Firm Capabilities, in: Strategic Management Journal, Vol. 21, Special Issue, October–November 2000.

HINTERHUBER, H. H.: Strategische Unternehmungsführung. Band 1: Strategisches Denken, 7. Aufl., Berlin, New York 2004; Band 2: Strategisches Handeln, 7. Aufl., Berlin, New York 2004.

HINTERHUBER, H. H., FRIEDRICH von den EICHEN, St. A., MATZLER, K. u. PECHLANER, H. (Hrsg.): Die Zukunft der diversifizierten Unternehmung. München 2000.

HINTERHUBER, H. H., HANDLBAUER, G. u. MATZLER, K.: Kundenzufriedenheit durch Kernkompetenzen. 2. Aufl., Wiesbaden 2003.

HINTERHUBER, H. H. u. MATZLER, K. (Hrsg.): Kundenorientierte Unternehmungsführung. 4. Aufl., Wiesbaden 2004.

HINTERHUBER, H. H., FRIEDRICH von den EICHEN, St. A., AL-ANI, A. u. HANDLBAUER, G. (Hrsg.): Das Neue Strategische Management. 3. Aufl., Wiesbaden 2005.

HINTERHUBER, H. H. u. STAHL, K. (Hrsg.): Erfolgreich im Schatten der Großen. Wettbewerbsvorteile für kleine und mittlere Unternehmen. Kolleg für Leadership und Management. Band 1. Berlin 2003.

4. Leadership-Verantwortung: Kernprodukte/ Kerndienstleistungen und Strategic Issues

Nicht der Arbeitgeber bezahlt den Lohn,
sondern der Kunde. Der Arbeitgeber
verwaltet nur das Geld.
Henry Ford

Definition

Kernprodukte und Kerndienstleistungen sind die heutigen und voraussichtlich zukünftigen Hauptertragsbringer der Unternehmung.

Strategic Issues sind Aufgaben- und Themenbereiche, die aufgrund ihrer Wichtigkeit das persönliche Engagement des Letztentscheidungsträgers erfordern.

Ziele

Die Ziele sind a) die finanzielle Sicherstellung der Unternehmung in einer kurz- bis mittelfristigen Perspektive und b) die Zukunftssicherung durch neue oder sich in der Entwicklung befindliche Produkte und Dienstleistungen zu gewährleisten sowie c) die Nutzung unerwarteter Möglichkeiten und/oder die Abwehr schlecht kalkulierter Risiken sicherzustellen.

Die Ausgewogenheit des Portfolios der Unternehmung

Das Glück besteht darin, in dem
zur Maßlosigkeit neigenden Leben
das richtige Maß zu finden.
Leonardo da Vinci

Die nicht-delegierbare Aufgabe der Führenden besteht darin, die Art und Richtung der Unternehmungsentwicklung festzulegen. Dazu müssen alle Produkte und/oder Dienstleistungen in ein Portfolio (Abb. 9) eingetragen werden.

Je nach ihrer Positionierung in der Matrix lassen sich drei Arten von Produkten und/oder Dienstleistungen unterscheiden:

1. die Produkte und Dienstleistungen, die kurz- und mittelfristig zur Wertsteigerung der Unternehmung beitragen und Defensivstrategien verlangen,

2. diejenigen, die mittel- bis langfristig die Wertsteigerung der Unternehmung bestimmen und für die Offensiv- und/oder Investitions- und Wachstumsstrategien verfolgt werden müssen,

3. die Produkte und Dienstleistungen, die weder 1. noch 2. zuzuordnen sind, keine Synergieeffekte mit diesen ausweisen und auch keine Kernkompetenzen der Unternehmung nutzen; von diesen Produkten und Dienstleistungen muss sich die Unternehmung trennen (Desinvestitionsstrategien).

Die Kernprodukte und -dienstleistungen sind somit die Produkte und Dienstleistungen, die 1. zur *kurz- und mittelfristigen Wertsteigerung* der Unternehmung beitragen oder 2. ihre *zukünftige Wertsteigerung* bestimmen. Die Unternehmungsleitung muss bedacht sein, ein Gesamtportfolio von Produkten und Dienstleistungen aufzubauen und so zu gestalten, dass die Kernkompetenzen der Unternehmung ausgespielt, Synergien genutzt, die Cash-flow-Entwicklung ausgewogen und nicht tragbare Risikosituationen abgebaut werden. Die Auswahl der Kernprodukte und Kerndienstleistungen, für die Offensiv-,

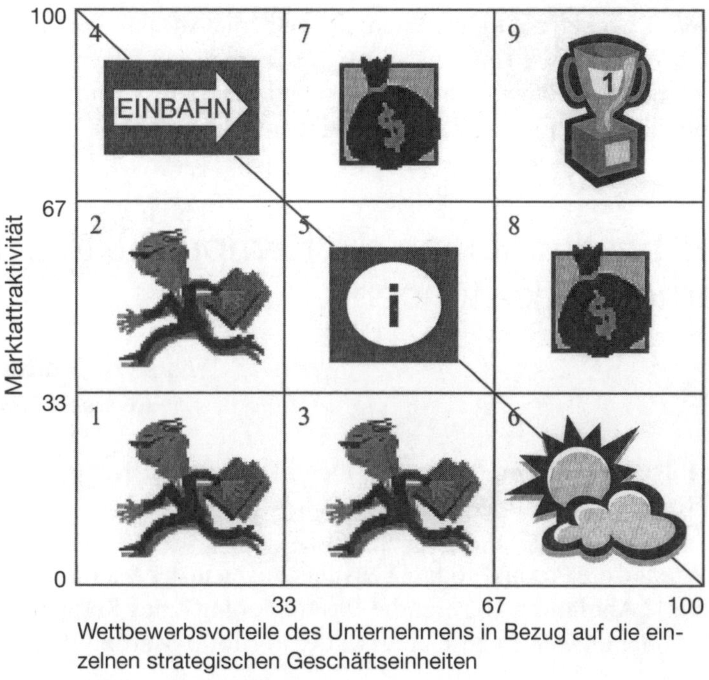

Strategische Stoßrichtung:
7, 9, 8: Investitions- und Wachstumsstrategien
6: Selektive Defensivstrategien
4: Selektive Offensivstrategien
1, 2, 3: Desinvestitionsstrategien
5: Zusätzliche Informationen notwendig

Abb. 9: Die Kernprodukte und Kerndienstleistungen der Unternehmung

Defensiv- oder Desinvestitionsstrategien in Frage kommen, sowie deren Ergänzung und Stärkung durch Akquisitionen und Kooperationen zählen zu den wichtigsten unternehmerischen Entscheidungen.

Die Führenden müssen bedacht sein, durch Ausdehnung, Erhaltung, Einschränkung, Akquisition oder Aufgeben einzelner Produktlinien rechtzeitig Ressourcen von Branchen, die weniger attraktiv werden, zu den Branchen zu transferieren, in denen die Attraktivität in einer mittel- bis langfristigen Perspektive ansteigt und in denen die Unternehmung mit ihren Kernprodukten und Kerndienstleistungen auf Dauer eine Position der Einzigartigkeit einnehmen kann.

Wie bestimmt man die Kernprodukte und Kerndienstleistungen?

Führen heißt dienen.
Reinhard Mohn

Die folgenden Fragen dienen der Identifizierung der Kernprodukte und Kerndienstleistungen:

1. Wo sind die Produkte oder Dienstleistungen in der Matrix positioniert? Abbildung 10 zeigt die Positionierung eines Kernproduktes oder eines Kerngeschäftes in der Portfolio-Matrix.

2. Auf welchen Kernkompetenzen beruhen die Produkte und Dienstleistungen? Fehlt der Bezug der Produkte oder Dienstleistungen zu den Kernkompetenzen, dann sind andere Unternehmungen möglicherweise bessere Betreiber dieser Geschäfte.

3. Welchen Beitrag leisten die Kernprodukte und Kerndienstleistungen zur nachhaltigen Wertsteigerung der Unternehmung?

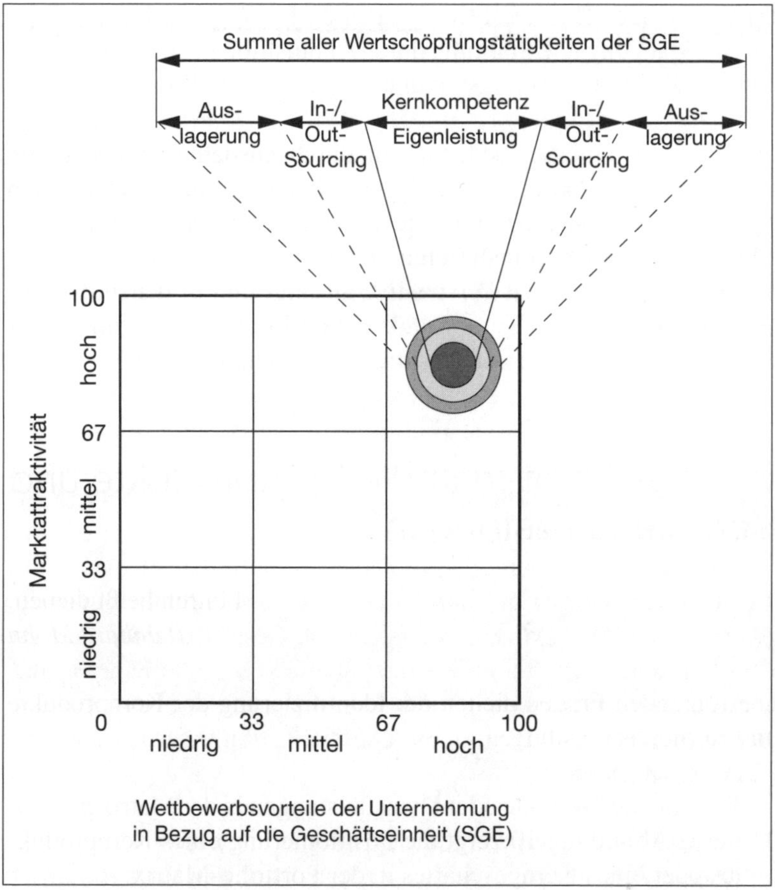

Abb. 10: Die Positionierung einer strategischen Geschäftseinheit (SGE) in der Portfolio-Matrix (Beispiel)

Wie geht man mit „Strategic Issues“ um?

Man muss das Ganze
vor seinen Teilen sehen.
Scharnhorst

„Strategic Issues“ sind plötzlich auftretende Schwierigkeiten, die einen wesentlichen Einfluss auf die nachhaltige Wertsteigerung der Unternehmung ausüben. Sie verlangen Entscheidungen, die nur „aus dem Ganzen der Unternehmung heraus getroffen werden können“ (Gutenberg). Beispiele hierfür sind: feindliche Übernahmeversuche, eine missglückte Einführung eines neuen Produktes, die am Erscheinungsbild der Unternehmung kratzt, Angriffe von Umweltorganisationen, die zu massiven Umsatzeinbrüchen führen, Zusammenschlüsse wichtiger Konkurrenten, Kündigung oder Tod von Führungskräften, Nachfolgeprobleme und dergleichen mehr. Der Letztentscheidungsträger muss Sicherheit vermitteln, indem er den Mitarbeitern Perspektiven, Potentiale und Geschäftsfelder aufzeigt. Das Führungsteam muss diese oder ähnliche zentrale Führungsthemen untereinander sowie mit Führungskräften und Außenstehenden, denen man vertraut, diskutieren und rechtzeitig einer Lösung oder Klärung zuführen.

Die offene Diskussion von „Strategic Issues“ ist häufig wichtiger als unflexible Portfolio-Analysen, vor allem dann, wenn sich die Unternehmung auf Märkten bewegt, in denen sich die Spielregeln auf unvorhersehbare Weise ändern und in die laufend neue Wettbewerber eindringen. Es ist Aufgabe des Führungsteams, pro-aktiv eine Liste von „Strategic Issues“ zu erstellen oder erstellen zu lassen, damit die damit verbundenen Chancen und Risiken im Notfall rechtzeitig einer Entscheidung zugeführt werden können. Die Einrichtung einer Art „intellektueller Betriebsfeuerwehr“, bestehend aus internen Mitarbeitern und/oder externen Experten, kann dazu beitragen, Sonderaufgaben möglichst präventiv zu lösen.

Führende schaffen einen Mehrwert als Verhandlungspartner

Beurteile einen Tag nicht danach,
welche Ernte du am Abend eingefahren hast.
Sondern danach, welche Samen du gesät hast.
Robert Louis Stevenson

Eine nicht-delegierbare Aufgabe der Führenden, vor allem im Umgang mit Strategic Issues, besteht darin, in wichtigen Verhandlungen mit Unternehmern, mit Behörden, mit Gewerkschaften, mit Banken und anderen Partnern deren Interessen mit dem zu verbinden, was für die Unternehmung von Nutzen ist. Führende schaffen durch ihr pro-aktives Eingreifen in wichtigen Verhandlungen einen Mehrwert für die Unternehmung. Dies gelingt, indem sie sich entsprechend auf die Verhandlungen vorbereiten, neue Gesichtspunkte einbringen, die richtigen Prioritäten setzen, den Schwerpunkt auf die wichtigen, herausfordernden Ziele und Rahmenbedingungen legen lassen und dauerhafte Win-Win-Situationen anstreben. Ein Führender ist der, der das Selbstvertrauen, das Wissen und die Erfahrung besitzt, um in schwierigen, für die nachhaltige Wertsteigerung der Unternehmung wichtigen Belangen einen „Added Value" zu erbringen.

Baltasar Gracián schreibt in seinem berühmten „Handorakel": *„Die Daumenschrauben eines jeden finden.* Dies ist die Kunst, den Willen anderer in Bewegung zu setzen. Man muss wissen, wo einem jeden beizukommen sei. Alle sind Götzendiener, einige der Ehre, andere des Interesses, die meisten des Vergnügens. Der Kunstgriff besteht darin, dass man diesen Götzen eines jeden kenne, um mittels desselben ihn zu bestimmen. Weiß man, welches für jeden der wirksame Anstoß ist, so hat man den Schlüssel zu seinem Willen."

Führende schaffen Mehrwert als Verhandlungspartner, wenn sie, wie erwähnt, in wichtigen Auseinandersetzungen mit anderen Unternehmungen, mit Gewerkschaften, mit Vertretern der Politik neue Gesichtspunkte in das Geschehen einbringen, Ziele durchsetzen, deren Erreichen für nicht möglich gehalten wurde, häufig durch bewussten Appell an die Emotionen anderer scheinbar Unmögliches bewirken.

In wichtigen Verhandlungen sind Emotionen unerlässlich. Ohne sie kann kein unternehmerischer Veränderungsprozess, keine radikale Verbesserung, kein Erfolg im Sinn einer Win-Win-Situation erzielt werden. Bewusst eingesetzte Emotionen können den Siegeswillen anspornen. Sie dürfen jedoch nicht, wie Aristoteles sagt, die Rolle des Feldherrn spielen, sondern die des Soldaten.

Wilhelm von Humboldt sagt einmal, dass es im Grunde die Verbindungen mit den Menschen sind, die dem Leben seinen Sinn geben. Unternehmer und oberste Führungskräfte brauchen ein Gespür dafür, wie sie mit kritischen Situationen umgehen, ohne den Siegeswillen der betroffenen Führungskräfte zu brechen. Einige Beispiele: Der Unternehmer weist einer strategischen Geschäftseinheit die Ressourcen zu, die er von anderen strategischen Geschäftseinheiten abzieht; ein Produktionsbetrieb muss in einer Region aus Kapazitäts- und Kostengründen geschlossen werden; das Gleichgewicht in der Ressourcenallokation zwischen kurzfristigem Gewinn und nachhaltiger Wertsteigerung der Unternehmung muss in schwierigen Verhaltungsprozessen gefunden werden; die Umsetzung von Sozialplänen, der Ausgleich unterschiedlicher Interessen, die Berücksichtigung gesellschaftspolitischer Belange, die Beeinflussung des externen Umfeldes nach Maßgabe der berechtigten Ansprüche der Unternehmung, die Durchsetzung legislativer Maßnahmen zum Schutz der Unternehmungen einer Branche – dies alles zeigt, wie wichtig das Verhandlungsgeschick der obersten Führungskräfte für die nachhaltige Wertsteigerung der Unternehmung ist.

Was versteht man unter der Wertsteigerung der Unternehmung?

Ich werde nicht satt, zu dienen.
Leonardo da Vinci

Für den, der die Letztverantwortung in der Unternehmung hat, zählen am Ende nur die Ergebnisse. Die Ergebnisse finden ihren Niederschlag in der Wertsteigerung der Unternehmung.

Die Wertsteigerung ist eine der wichtigsten, wenn nicht die wichtigste Entscheidungsgrundlage der Führenden. Jede Produktlinie, jede Dienstleistung, jede Geschäftseinheit oder Tochtergesellschaft, jede Stufe der Wertschöpfung muss in einer mittel- bis langfristigen Perspektive zur Wertsteigerung der Unternehmung beitragen. Jack Welch sagt: „Als Führende werden wir bezahlt, kurzfristig Ergebnisse zu erzielen und die Unternehmung langfristig stärker zu machen."

Die Wertsteigerung („Economic Value Added") ist die Differenz zwischen Betriebsergebnis (nach Steuern, vor Zinsen) und den Kapitalkosten. Die Kapitalkosten sind die Verzinsung des gesamten investierten Kapitals (Gebäude, Grundstücke, Anlagen, Umlaufvermögen, F&E, Ausbildungstätigkeiten usw.). Ist die Differenz positiv, werden Werte geschaffen; ist sie negativ, werden Werte vernichtet. Die Wertsteigerung kann auch auf der Grundlage der freien abgezinsten Cash-flows berechnet werden.

Das folgende Beispiel zeigt, wie die Wertsteigerung einer Geschäftseinheit oder Unternehmung berechnet werden kann.

1. Wie finanziert sich die Unternehmung?
   Der Anteil des Eigenkapitals beträgt 35 %, der des Fremdkapitals 65 %.
   Würde der Unternehmer das Eigenkapital anderweitig anlegen, könnte er eine Netto-Verzinsung von 15 % erzielen.
   Der Leihzinssatz für das Fremdkapital beträgt 8 %; geht man von einem Steuersatz von 40 % aus, ergibt sich ein steuerbereinigter Leihzinssatz von 4,8 % (8 % × 0,60).
   Der Zinssatz, mit dem das gesamte investierte Kapital verzinst werden muss, errechnet sich wie folgt:
   $35\ \% \times 15\ \% + 65\ \% \times 4{,}8\ \% = 8{,}37\ \% \approx 8{,}5\ \%$.

2. Wie viel Kapital ist in der Geschäftseinheit investiert?
   In der Geschäftseinheit sind insgesamt 1 Mrd. Euro für Anlagen, Gebäude, Umlaufvermögen, F&E usw. gebunden.

3. Die Kapitalkosten betragen somit:
   1000 Mio. × 8,5 % = 85 Mio. Euro.

4. Wie hoch ist das Betriebsergebnis nach Steuern, aber vor den Fremdkapitalzinsen?
   Das Betriebsergebnis der Geschäftseinheit beträgt 110 Mio. Euro.

5. Schlussfolgerung: Die Wertsteigerung der Geschäftseinheit beträgt somit: 110 – 85 Mio. Euro = 25 Mio. Euro oder in Prozent:
   $\frac{110}{1000} - 0{,}085 = 2{,}5\ \%$
   Multipliziert man die Wertsteigerung in % mit dem investierten Kapital, ergibt sich wiederum eine Wertsteigerung der Geschäftseinheit von 25 Mio. Euro/Jahr.

Abbildung 11 fasst die Berechnungsgrundlage der Wertsteigerung zusammen. Abbildung 12 zeigt ein Beispiel für die Wertsteigerung einer Unternehmung im Zeitverlauf.

Wertsteigerung (Euro) = Betriebserebnis (nach Steuren) vor Zinsen – Kapitalkosten

Wertsteigerung (%) = ROCE–WACC

Kapitalkosten K = Inv. Kapital · i

$$\text{Kapitalkonstanz } i = \frac{Ke \cdot ie + Kf \cdot if^*}{Ke + Kf} = X \cdot ie + Y \cdot if^*$$

Es bedeuten:

Ke: Eigenkapitalbetrag

Kf: Fremdkapitalbetrag

WACC: Weighed Average Cost of Capital (Kapitalkonstensatz)

ROCE: Return on Capital Employed =

$$\frac{\text{Betriebsergebnis (nach Steuern) vor Zinsen}}{\text{Investiertes Kapital}} =$$

Gesamtkapitalrendite

ie: angestrebte Verzinsung des Eigenkapitals (Opportunitätskosten, Eigenkapitalrendite)

if: Leihzinssatz für das Fremdkapital

if*: Leihzinssatz für das Fremdkapital, steuerbereinigt

t: Steuersatz

$$X = \frac{Ke}{Ke + Kf} = \text{Anteil des Eigenkapitals am Gesamtkapital}$$

$$Y = \frac{Kf}{Ke + Kf} = \text{Anteil des Fremdkapitals am Gesamtkapital}$$

$$if^* = if \cdot (1 - t)$$

Abb. 11: Die Wertsteigerung der Unternehmung

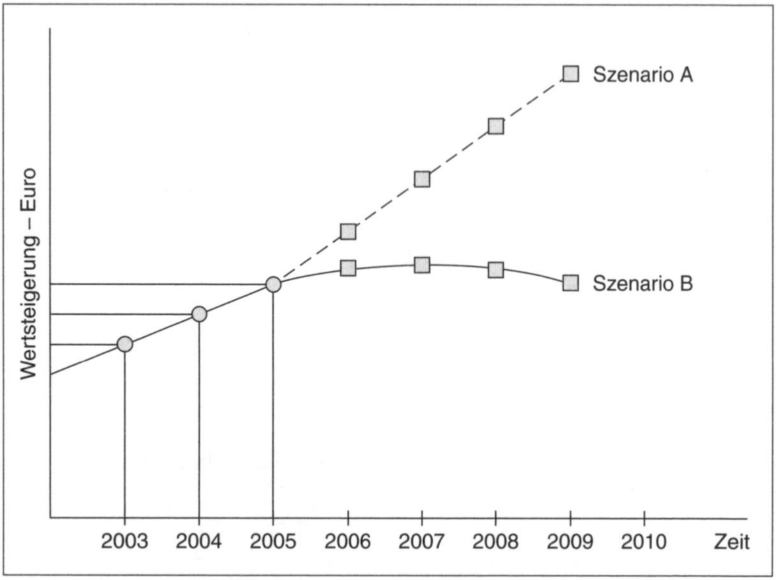

Abb. 12: Die Wertsteigerung einer Unternehmung im Zeitverlauf (Beispiel)

Weiterführende Literatur

ALBACH, H.: Allgemeine Betriebswirtschaftslehre. 3. Aufl., Wiesbaden 2001.

AUER, K. V.: Buchhaltung – Bilanzierung – Analyse. 4. Aufl. Wien 2005.

AUER, K. V.: Kennzahlen für die Praxis. Wien 2004.

BENNETT STEWART III, G. u. EHRBAR, A.: EVA: The Real Key to Creating Wealth. Chichester 1998.

CRAINER, ST. u. DEARLOVE, D.: Financial Times Handbook of Management. The State of the Art. 3. Aufl., Harlow 2004.

ESCHENBACH, R., ESCHENBACH, S. u. KUNESCH, H.: Strategische Konzepte. 4. Aufl., Stuttgart 2003.

FREILING, J.: Ressourcenorientierte Reorganisation. Wiesbaden 2001.

HAHN, D. u. TAYLOR, B. (Hrsg.): Strategische Unternehmungsplanung/ Strategische Unternehmungsführung. 9. Aufl., Heidelberg 2004.

HINTERHUBER, A.: Strategische Erfolgsfaktoren bei der Unternehmensbewertung. 3. Aufl., Wiesbaden 2005.

JOHNSON, G., SCHOLES, K. u. WITTHINGTON, R.: Exploring Corporate Strategy. 7. Aufl., Harlow 2005.

KAPLAN, R. S. u. NORTON, D. P.: Strategy Maps: Converting Intangible Assets into Tangible Outcomes. Boston 2004.

KAPLAN, R. S. u. NORTON, D. P.: The Strategy-Focused Organization. Boston 2001.

LIKER, K.: The Toyota Way: 14 Management Principles from the World's Greatest Manufacturer. New York 2004.

MAISTER, D.: Practice What You Preach. What Managers Must Do to Create a High Achievement Culture. New York 2003.

OTT, M. C.: Der Business Enforcement Manager, Flexible Eingreifteams als neue Waffe im Wettbewerb. Frankfurt, New York 1997.

RAPPAPORT, A.: Creating Shareholder Value. 3. Aufl., New York 1998.

RENZL, B.:Wissensbasierte Interaktion – Selbstevolvierende Wissensströme in Unternehmen. Wiesbaden 2003.

SCOTT, M. C.: Value Drivers. West Sussex 1998.

STEWART, J. B.: The Quest for Value: A Guide for Senior Managers. Ohne Ort 1991.

5. Leadership-Verantwortung: Kerndifferenzierungen (Wettbewerbsvorteile)

Unsere Produkte sind nicht billig. Aber
beim ersten Versuch wissen Sie, warum!
Ueli Prager

Definition

- Wettbewerbsvorteile sind eine positive Differenzierung zum Hauptkonkurrenten, hinterlassen einen starken Eindruck und bleiben in Erinnerung.
- „They have to be memorable."

Ziel

Das Ziel ist, die Kunden erfolgreicher zu machen, ihnen optimale Sicherheiten zu bieten und den Marktanteil oder den Marktvorsprung und somit den Wert der Unternehmung nachhaltig zu erhöhen.

Was sind Wettbewerbsvorteile?

Tue das, was notwendig ist.
Das Überflüssige nur ist es,
was uns in Schweiß setzt.
Seneca

Die junge Gazelle in der Steppe hat nur ein Ziel: schneller zu laufen als der schnellste Gepard. Der junge Gepard hat zur gleichen Zeit ein ähnliches Ziel: schneller zu laufen als die langsamste Gazelle. Erreichen die beiden Tiere nicht ihr Ziel, wird die Gazelle vom Gepard gefressen oder der Gepard wird verhungern. Jeden Tag müssen Gepard und Gazelle versuchen, schneller als am Tag vorher zu laufen. Wenn der Gepard gestern erfolgreich war, muss er heute eine Gazelle fangen, die schneller läuft als die von gestern. Wurde die Gazelle vom Geparden nicht gefasst, muss sie heute noch schneller als gestern laufen, wenn sie nicht gefressen werden will. Im zunehmend härteren Wettbewerb sind die Verhältnisse ähnlich. Die Globalisierung der Märkte und die weltweite Kommunikation führen dazu, dass die Produkte und Dienstleistungen immer ähnlicher werden und alle mehr oder weniger dem geforderten Standard entsprechen. Jede Unternehmung muss deshalb laufend die Wettbewerbsvorteile ihrer Kernprodukte und Kerndienstleistungen mit Hilfe von Benchmarking und eigenen kreativen Vorstellungen neu definieren und entsprechend weiterentwickeln.

Jeder Unternehmer und jede Führungskraft, aber auch die Mitarbeiter müssen sich heute die folgenden Fragen stellen:

- Wie wünschen Sie, dass die Umgebung Ihre Unternehmung idealerweise sieht?

- Wie möchten Sie sich von Ihrem wichtigsten Konkurrenten unterscheiden, sichtbar für die Außenwelt?

- Welchen Vorteil/Nutzen/Gewinn bieten Sie Ihren Kunden, den die anderen Konkurrenten nicht bieten können?

- Wie viel Prozent Ihrer Kunden sagen, dass sie mit den Produkten und Dienstleistungen Ihrer Unternehmung *sehr zufrieden* sind?

Je zufriedener die Kunden mit der Unternehmung sind, desto größer ist auch ihre Treue zur Unternehmung (Abb. 13). Je besser es der Unternehmung gelingt, die Kunden zu Mitarbeitern, d.h. gleichsam zu Botschaftern der Unternehmung, zu machen, desto stärker erhöht sie ihren Wert und sichert sie Arbeitsplätze, was wiederum die Zufriedenheit und das Engagement der Mitarbeiter erhöht. Engagierte Mitarbei-

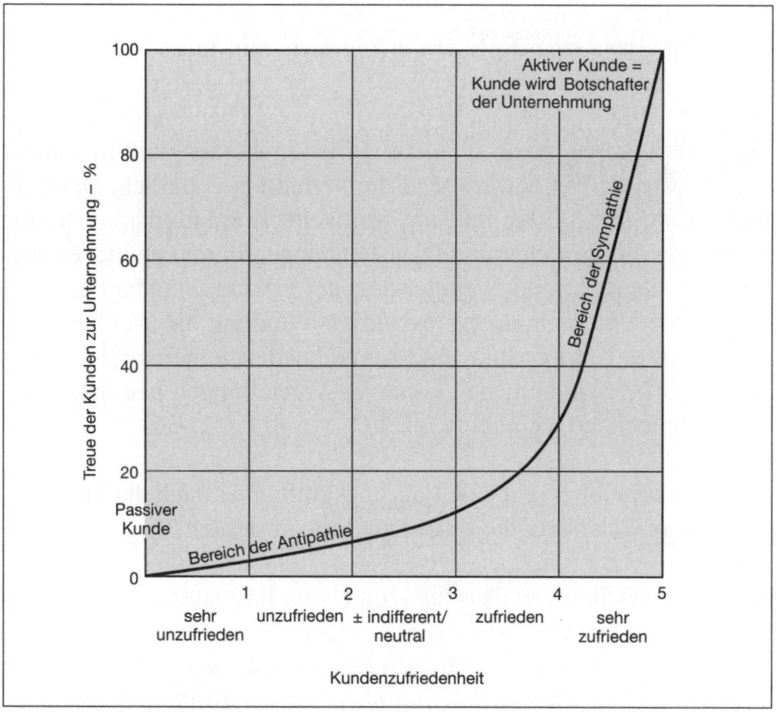

Abb. 13: Kundenzufriedenheit und Kundentreue

ter sind die Voraussetzung für zufriedene Kunden. Dieser evolutionäre Zyklus der Kundenzufriedenheit ist in Abbildung 14 dargestellt.

Der Wettbewerbsvorteil – Added Value, Zusatznutzen, zusätzlicher Wert oder Extrawert – hat das Ziel, den Kunden erfolgreich zu machen. Indem sich die Unternehmung von den Konkurrenten positiv differenziert, erhöht sie ihren Marktanteil und ihren Wert und kann dem Kunden optimale Sicherheit bieten.

Wettbewerbsvorteile werden immer wichtiger, weil die Produkte und Dienstleistungen sich immer mehr gleichen und dadurch austauschbarer werden. Die Wettbewerbsvorteile bestimmen die Kaufentscheidung; sie sind nur dann ein echter Vorteil, wenn sie von den Mitbewerbern nur schwer oder gar nicht imitiert werden können. 99 % der Wettbewerbsvorteile bestehen aus kleinen, wenig spektakulären Verbesserungen. „Häuft viele kleine Vorteile an, die alles in allem den großen gleichkommen", sagte Friedrich der Große. Große Durchbrüche sind selten; darum sind dauerhaft kleine Wettbewerbsvorteile so wichtig.

Woran erkennt man die Kundenzufriedenheit? Erstens an der geringen Kundenfluktuation und zweitens an der höheren Wertsteigerung der Unternehmung (Abb. 14).

Abb. 14: Der evolutionäre Prozess der Kundenzufriedenheit

Suchfelder für Wettbewerbsvorteile

Gedanken sind zollfrei.
William Shakespeare

Im Folgenden werden Suchfelder für Wettbewerbsvorteile dargestellt, die der Unternehmung helfen, ihre Kernprodukte und Kerndienstleistungen von denen der Konkurrenten zu differenzieren.

1. Neue Technologien

Neue Technologien können auf drei Wegen erworben werden: durch interne Entwicklung, durch Zukauf oder durch die Einbindung der Unternehmung in strategische Netzwerke. Das Ziel, das die Unternehmung mit neuen Technologien verfolgt, ist „to kill its competitors" (Dr. H. Beckers, früherer Leiter der zentralen Forschung von Shell). Beispiele: Von High-Tech- zu Easy-Tech-Konsumgütern, die die Annehmlichkeiten des Lebens erhöhen (Techno-KISSS = Keep It Simple, Short and Stupid).

2. Neue Märkte

Eintritt in neue Marktsegmente sowie regionale Expansion mit dem Ziel der Marktführerschaft. Durch Kundennähe und Zusatznutzen werden Kunden zu Botschaftern der Unternehmung.

3. Führerschaft bei:

Qualität: besser
Kosten: wettbewerbsfähiger Preis
Service: schneller und besser

Dienstleistungen: neue produktnahe, häufig auch produktneutrale Dienstleistungen

Erfolgreich sein, heißt BESSER – KOSTENGÜNSTIGER – SCHNELLER handeln und sich laufend bei kleinen Dingen unterscheiden, also eine Position des Besten, Ersten und Schnellsten einnehmen. Dazu müssen alle Mitarbeiter mit dem Kunden mitdenken, sich in seine Lage versetzen, ihn in die Entscheidungen einbinden und ihn zum Besten in seinem Marktsegment machen (Abb. 15).

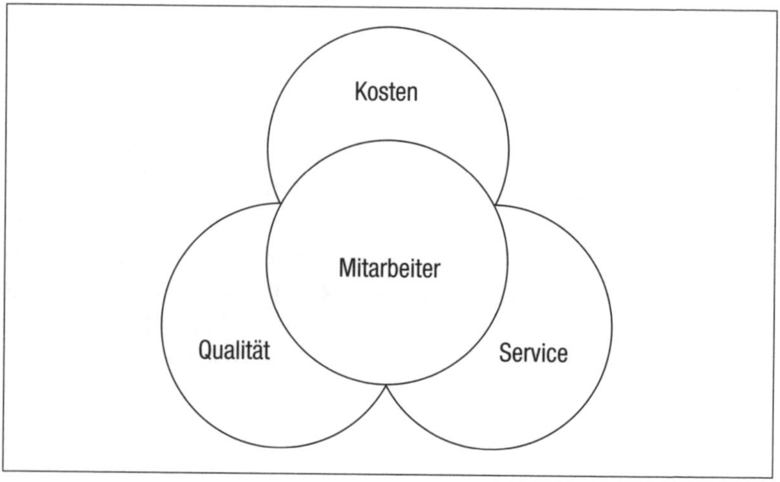

Abb. 15: Die Erfolgsfaktoren im Wettbewerb

4. Überholen/Einholen eines Konkurrenten (Benchmarking)

Benchmarking heißt Lernen aus angemessenen Vergleichen mit dem Besten. Die Leadership-Fragen sind: Mit wem wollen wir uns vergleichen? Was wollen wir von ihm lernen? Wie können wir ihn überholen? Welche Qualitätsstandards setzen wir?

5. Mitarbeiterorientierung

Wer sich um das Wohlergehen und die Entwicklung der Mitarbeiter kümmert und nach außen ein erkennbar attraktiver Arbeitgeber ist, zieht die besten Mitarbeiter an. Werden die Mitarbeiter in die strategischen Absichten und Überlegungen der Führenden einbezogen, ergeben sich Wettbewerbsvorteile oft von selbst. Je engagierter die Mitarbeiter sind, desto größer ist die Kundentreue. Die Führenden müssen dazu ein Umfeld schaffen, das individuelles wie organisationales Lernen erlaubt und Innovationen fördert.

6. Ethische Werte

Nicht nur Unternehmungen, sondern auch Non-Profitorganisationen, wie z. B. Kirchen, Rotes Kreuz, amnesty international, sind gezwungen, Wettbewerbsvorteile zu erarbeiten, damit die Spenden fließen. Die Betonung ethischer Werte kann zu einem klaren Wettbewerbsvorteil auch in Unternehmungen führen.

Die Bewahrung der Umwelt vor Zerstörung, Recycling und erneuerbare Ressourcen sind Beispiele für das Schaffen von „ethischem Mehrwert".

7. Das Erscheinungsbild/die Marke

Das Bild, mit dem die Unternehmung von Dritten gesehen und bewertet wird, ist als „Reputationskapital" oft der wichtigste Wettbewerbsvorteil. Diesen Punkt besprechen wir eingehend in Kapitel 11.

Die Leadership-Aufgabe besteht darin, Freiräume für die Mitarbeiter zu schaffen, Fehler- und Zeittoleranz zu zeigen, den Wettbewerb von Ideen und die Experimentierfreudigkeit zu fördern, riskante Vorleistungen zu belohnen und kreativen Mitarbeitern Überschussressourcen zuzuweisen.

Wie lassen sich Wettbewerbsvorteile ermitteln, kommunizieren und umsetzen?

Bewegung ist das Gesetz allen Lebens.
Leonardo da Vinci

Der Wettbewerbsvorteil muss zu einer klaren Differenzierung gegenüber den Konkurrenten führen. Wie würden Sie die Frage der Kunden beantworten: Warum sollte ich dieses Produkt bei Ihnen kaufen? Was unterscheidet Ihr Produkt und/oder Ihre Dienstleistung von denen der Konkurrenten?

Wettbewerbsvorteile können sehr kurzlebig sein und sind laufend Veränderungen unterworfen; sie müssen neu definiert, erfunden und erarbeitet werden. Die Leadership-Aufgabe besteht darin, die Mitarbeiter in diesem Sinn in Bewegung zu setzen und sie zu ermutigen, Informationen nicht nur innerhalb der Unternehmung zu sammeln, sondern prioritär ihr Wissenspotential in Begegnungen und Beobachtungen außerhalb der Unternehmung zu erhöhen, bei denen Wissen zu Tage kommt und wahrnehmbar wird. Beispiele sind:

- *Kontakte, aus dem System heraustreten, direkte Wege bevorzugen*
- *Sitzungen, Inszenierungen durchschauen*
- *Besprechungen* mit Mitarbeitern, Kunden, Beratern, Experten, Wissenschaftlern, Führungspersönlichkeiten von anderen Unternehmungen, von denen wir lernen können
- *Lieferanten*
- *Aktive Lektüre* von Büchern, Zeitungen, Fachzeitschriften, Rapporten
- *Seminare/Vorträge*
- *Messen*

- *Konkurrenz beobachten/befragen*
- *Überprüfung der „gate-keeper“*

Um unser Wissenspotential zu steigern, müssen wir Informationen sammeln, *ohne* sie sofort zu werten. Das Ziel ist, die Zukunft zu „erfinden“ und die Veränderung zu beherrschen.

Vom Denken in Produkten zum Nutzendenken

Bemühe dich, stets und in allem das Nützliche für die anderen mit dem Angenehmen für dich selbst zu verbinden.
Nasreddin

Es gibt im Grunde nur zwei Dinge von Bedeutung. Das eine ist der Kunde, und das andere ist das Produkt. Wenn man sich um die Kunden kümmert, kommen sie zurück. Wenn man sich um sein Produkt kümmert, kommt es nicht zurück. Qualität ist, so lautet die Mercedes-Benz-Regel, wenn der Kunde zurückkommt, nicht das Produkt. – So einfach ist das und doch so schwer.

Wir müssen also umdenken vom Produktedenken zum Nutzen-Bedürfnis-Denken.

Mit dem Kunden gemeinsam Ziele entwickeln, nicht Produkte und/oder Dienstleistungen, bedeutet praktisch, den hautnahen Einbezug der Abnehmer. Durch das Denken in Bedürfnissen und Nutzen leisten wir einen Beitrag zur Erhöhung der Lebensqualität der Kunden.

Beispiele:

Harley Davidson: „Have fun“	Hotel: Sich wohl fühlen
Restaurants: Sich freuen	Auto: Sicherheit

Unterschied: Versorgungs- oder ErlebnisEINKAUF

Nur das Nutzen-/Bedürfnis-Denken fördert die Kreativität und Innovation und führt zu Wettbewerbsvorteilen.

Fragen, die die Mitarbeiter den Kunden stellen können (Beispiele):

- *Was verbindet das Produkt mit dem Kunden?*
  Was würde ihn noch mehr an das Produkt binden?

- Welche *Vorteile (Anwendungsvorteile)* sieht der Kunde in unserem Produkt?
  Aus der Sicht des Kunden: Welche Vorteile (Anwendungsvorteile) würde er gerne noch zusätzlich sehen?

- Welchen *Gewinn/Nutzen* sieht der Kunde im Produkt?
  Wie könnte dieser Gewinn gesteigert/vergrößert werden?

- Welchen *Erfolg* erzielt der Kunde mit dem Produkt?
  Wie könnte dieser Erfolg gesteigert werden?

- Welche Eigenschaften, Dienstleistungen oder Beziehungen würden den Kunden begeistern?

Kundenbetreuung als Wettbewerbsvorteil

Du sollst die Dienstleistung über den Gewinn stellen. Der Gewinn muss nicht die Basis, sondern das Resultat der Dienstleistung sein.
Henry Ford

Das Interesse des Verkäufers nimmt bis zum Kaufabschluss zu. Vom Kaufabschluss bis zur Auslieferung ist Funkstille. Auf die Auslieferung folgt die Rechnung, die der Kunde in der Regel nicht mit Freude bezahlt. Um diese Situation zu verbessern oder zu vermeiden, bieten sich die folgenden Möglichkeiten an:

1. Gezielte Informationen nach dem Kaufabschluss bis zur Auslieferung,

2. Auslieferung mit einem Überraschungseffekt.

3. Rechnung mit persönlichem Dankesschreiben oder Fragebogen (Warum haben Sie unser Produkt/unsere Dienstleitung gekauft? Was könnte in Zukunft noch verbessert werden? Welche möglichen Interessenten könnten Sie uns mitteilen?).

4. Weitere Informationen folgen lassen.

5. Zusätzliche produktnahe und/oder produktneutrale Dienstleistungen anbieten.

Der Preis für Innovation ist Kritik, und den muss jeder kreative Geist zu zahlen bereit sein. Und wichtiger ist: Es gibt keine Produktinnovation, die nicht ihre komplizierte Umsetzung in einem umfassenden Prozess erfordert. Deshalb ist das Denken in Wettbewerbsvorteilen eine tägliche Leadership-Aufgabe, um nicht vom *Schnelleren* überholt zu werden.

Die immer wieder neu zu stellende Leadership-Frage lautet: „Was tun wir besser als andere, wo haben wir einen Vorsprung, der dem Kunden Nutzen bietet und ihn begeistert?“

Strategisches Denken heißt sich konzentrieren auf das, was man besser kann als die anderen und dem Kunden Nutzen bietet; das Produkt- oder Marktdenken steht an zweiter Stelle. Der Kunde entscheidet über Sein oder Nichtsein einer Unternehmung.

Die vier Leaderschip-Anforderungen – Kernauftrag, Kernkompetenz, Kernprodukte, Kerndifferenzierungen – greifen interaktiv ineinander und sind untrennbar miteinander verbunden. Jede Entwicklung einer Anforderung beeinflusst die Entwicklung der anderen Anforderungen.

Weiterführende Literatur

HINTERHUBER, H. H.: Leadership. Strategisches Denken systematisch schulen von Sokrates bis Jack Welch. 4. Aufl., Frankfurt am Main 2005.

HINTERHUBER, H. H., HANDLBAUER, G. u. MATZLER, K.: Kundenzufriedenheit durch Kernkompetenzen. 2. Aufl., Wiesbaden 2003.

HINTERHUBER, H. H. u. MATZLER, K. (Hrsg.): Kundenorientierte Unternehmungsführung. 4. Aufl., Wiesbaden 2004.

HINTERHUBER, H. H, PECHLANER, H. KAISER, M.-O. u. MATZLER, K. (Hrsg.): Kundenmanagement als Erfolgfaktor. Berlin 2003.

MATZLER, K., PECHLANER, H. u. RENZL, B. (Hrsg.): Werte schaffen – Perspektiven einer stakeholderorientierten Unternehmensführung. Wiesbaden 2003.

PRAHALAD, C. K. u. RAMASWAMY, V.: The Future of Competition. Boston 2004.

QUINN, R. E.: Building the Bridge as You Walk on It: A Guide for Leading Change. San Francisco 2004.

ROTHENBERGER S.: Antezedenzien und Konsequenzen der Preiszufriedenheit. Wiesbaden 2005.

PORTER, M. E.: Wettbewerbsvorteile. Frankfurt am Main 1999.

6. Leadership-Verantwortung: Ausgewogenheit der Persönlichkeit/Well-being

Nicht die Dinge selbst, sondern nur
unsere Vorstellungen über die Dinge
machen uns glücklich oder unglücklich.
Epiktet

Definition

Well-being ist Harmonie und Gleichgewicht nach innen und außen. Well-being ist ein innerer sich entwickelnder Zustand, der sich nach außen niederschlägt.

Ziele

- Geistiges und körperliches Wohlbefinden.
- Ausgleich im Beruf und im privaten Bereich.
- Erfolg im Beruf und Zeit für Privates = „Doppelt reich".

Die sieben Dimensionen von Well-being

Der Mensch bringt sein Haar
täglich in Ordnung.
Warum nicht auch sein Herz?
Chinesisches Sprichwort

Well-being ist Lebensinhalt und Lebenseinstellung und resultiert aus dem, was wir in der Vergangenheit gedacht, erfahren und getan haben. Jeder muss versuchen, eine Lebenssituation zu schaffen, die seiner Situation, seiner Einstellung und seinen Möglichkeiten angepasst ist. Wer mit sich selbst und der Welt im Einklang lebt, sieht die Dinge in der richtigen Perspektive und Proportion und steht über den Dingen. *Führen* kann nur, wer selbst in guter innerer und äußerer Verfassung ist. Die Pflege des eigenen Well-beings ist deshalb Pflicht eines jeden Führenden.

Dies bedeutet, dass er in der Gegenwart, im Hier und Jetzt lebt, dass er versucht, die Zukunft zu antizipieren und die Vergangenheit zu reparieren, und dass er sich mit der Tatsache bescheidet, dass es im Leben im Ganzen mehr Misserfolge und Leid als Erfolge und Glück gibt. Wer über den Dingen steht, weiß, dass auch das Leiden ein wichtiger Teil des Lebens ist; denn ohne Leiden kann man nicht wachsen und sich selbst erkennen.

Sieben Dimensionen bestimmen das Well-being eines Menschen:

1. Gesundheit

2. Finanzielle Sicherheit (die materielle Dimension)

3. Liebe, Zuwendung, Beziehungen, Zufriedenheit, Eu-Stress (die emotionale Dimension)

4. Lernen, Entfaltung, Ausüben eines Berufes, der einem entspricht und dem man gewachsen ist (die geistige Dimension)

5. Beitrag zum Allgemeinwohl (die soziale Dimension)

6. Sinn des Lebens (die spirituelle Dimension)

7. Glück („Aber Glück hat auf die Dauer doch zumeist wohl nur der Tüchtige“, Moltke, oder „Das Glück begünstigt nur den vorbereiteten Geist“, Louis Pasteur).

Jede Dimension ist wichtig. Werden auf einer Dimension die persönlichen, subjektiven Erwartungen nicht erfüllt, sinkt die Qualität des Lebens.

Die *gesundheitliche Dimension* steht an erster Stelle. Unsere Energie und Wohlbefinden üben einen dominierenden Einfluss auf unser Verhalten aus. Die *materielle Dimension* bezieht sich auf die finanzielle Sicherheit. Die *emotionale Dimension* betrifft das Bedürfnis nach Liebe, Freundschaft, Kontakten zu seinesgleichen, Gesellschaft. Die *geistige Dimension* ist gekennzeichnet durch die Möglichkeit zu lernen, durch Selbstentfaltung, Steigerung des Selbstwertgefühls, Können, Wissen, Leistung, Selbstvertrauen, das Ausüben einer Tätigkeit, die einem entspricht und der man gewachsen ist und dergleichen mehr. Die *soziale Dimension* drückt sich im Beitrag aus, den jede(r) zum Allgemeinwohl leisten will und kann; da wir von der Allgemeinheit, von der Umwelt und von den Vorfahren viel erhalten, geht es darum, „die Schuld unserer Existenz zurückzuzahlen“. Die *spirituelle Dimension* betrifft den Sinn des Lebens, den jeder für sich suchen muss. Ohne *Glück* geht es nicht. Daher zählt zum Well-being auch die Fähigkeit, durch das eigene Sein das Glück anzuziehen.

Die Ausgewogenheit der sieben Dimensionen lässt sich nicht anhand eines Schemas bestimmen; jeder muss mit seinem Gewissen den ihm persönlich angemessenen Ausgleich bestimmen. Das Gewissen allein scheint in vielen Fällen nicht zur Harmonisierung fähig. Das bewusste Stellen der Frage des Gleichgewichtes verlangt einen (verinnerlichten) Dialog mit Menschen, denen man vertraut und auf deren Urteilsfähigkeit man zählt. Mit anderen Worten: Auch wenn ein ausgebildetes und entwickeltes Gewissen der innere Richter für die Harmonisierung der sieben Dimensionen des Well-beings ist, so ist es zweckmäßig, im Dialog mit anderen die eigenen Vorstellungen kritisch zu reflektieren. Allgemein gilt: Maßhalten ist das Beste!

Die persönliche Zeiteinteilung

Wir sind alle ersetzbar, und die Erde
dreht sich weiter, auch ohne uns.
Asiatisches Sprichwort

Unternehmer und Führungskräfte sind nur dann erfolgreich, wenn sie mit sich selbst und der Welt im Gleichgewicht sind; mit anderen Worten, sie brauchen ein ausgewogenes Verhältnis zwischen der Bewältigung des Tagesgeschäftes, der Gestaltung der Zukunft und der Zeit, die sie für ihre Familie und ihre Gesundheit zur Verfügung haben. Esa-Pekka Salonen, Dirigent des Philharmonischen Orchesters von Los Angeles, sagt: „The main source of energy, the thing that makes me tick, is essentially hedonistic. I need to enjoy what I am doing. I can't enjoy it if I am not doing it on a high level. If I am doing it on a high level, I like it and I have fun. That keeps me going."

Abbildung 16 zeigt beispielhaft die Vorgehensweise, wie Führende ihre IST- und SOLL-Zeiteinteilung bestimmen können. Es gibt naturgemäß keine allgemein gültige Regel; generell lässt sich sagen, dass der Anteil der Zeit, der für die Gestaltung der Zukunft aufgewandt wird, größer sein sollte als der für die Bewältigung des Tagesgeschäftes. Je höher die Führungsposition, desto mehr Raum sollte die Gestaltung der Zukunft in der Zeitplanung einnehmen.

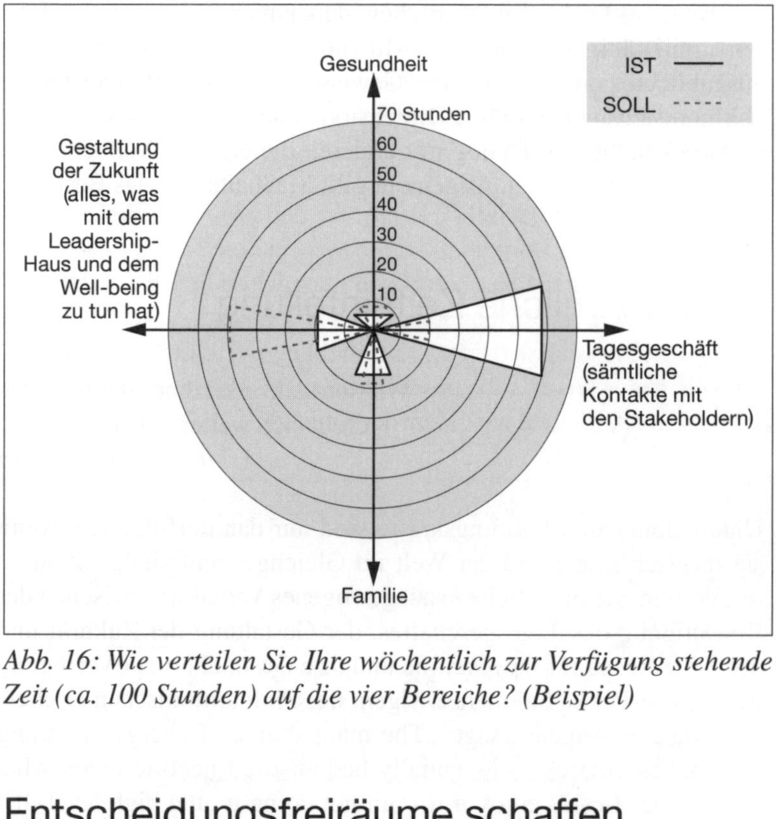

Abb. 16: Wie verteilen Sie Ihre wöchentlich zur Verfügung stehende Zeit (ca. 100 Stunden) auf die vier Bereiche? (Beispiel)

Entscheidungsfreiräume schaffen

Dein Handeln sei von dir,
nicht von den Geschehnissen bestimmt.
Bhagavad-Gita

Konflikte, Emotionen, Depressionen usw. sind in der Regel „fremdbestimmt“, d. h., andere Personen bestimmen unser Verhalten.

Ein einfaches Beispiel soll diese „Fremdbestimmung“ erklären:

Ein Unternehmer ist in einem Ausbildungskurs und wird von einem Mitarbeiter für eine dringende Angelegenheit ans Telefon gerufen. Vom Telefon zurück, hat der Seminarleiter einen Teilnehmer mit einer mentalen Belastung, sein Verhalten wurde von seinem Mitarbeiter bestimmt. Sein Mitarbeiter hat seine mentalen Belastungen an seinen Vorgesetzten abgegeben.

Wir haben die Wahl zwischen reaktivem und pro-aktivem Verhalten. Wir können unsere Kommunikation, die heute meistens in zwei Phasen abläuft, auf drei Phasen erhöhen; das würde bedeuten, dass auf einen Input nicht gleich ein Output oder eine Reaktion erfolgt, die ein Dritter diktiert; wenn wir einen „Entscheidungsfreiraum“ dazwischenschalten, der es uns erlaubt, unser Verhalten zu überdenken und selbst zu bestimmen, bleiben wir „Herr der Situation“ (Abb. 17).

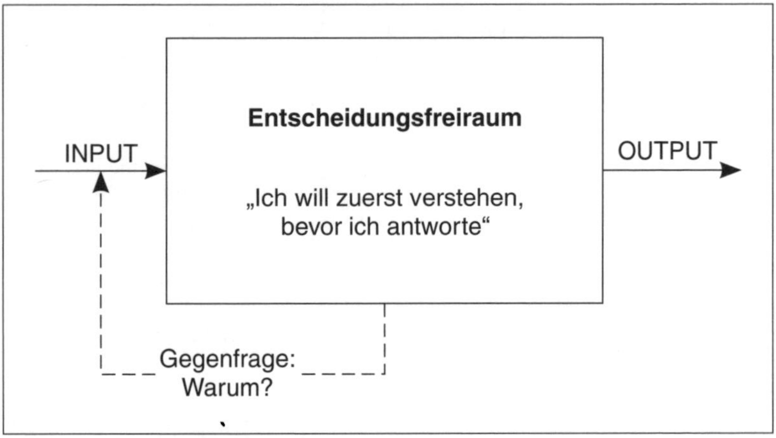

Abb. 17: Entscheidungsfreiraum schaffen

Je mehr und besser wir den Entscheidungsfreiraum nutzen, desto pro-aktiver sind wir (Abb. 18).

Wir sind für unser Leben als Mensch selbst verantwortlich; wenn unser Leben auf unseren Werten basiert, dann sind wir aktiv, im Unterschied zu einem reaktiven Menschen, der von der Umwelt getrieben wird (Abb. 19). Es ist nicht das, was uns geschieht, das uns verletzt, sondern die Art, wir wir darauf reagieren.

Wir können immer *selbst entscheiden,* wie sich etwas auf uns auswirkt, wenn wir uns *Entscheidungsfreiräume* offen halten.

INPUT	ENTSCHEIDUNGSFREI-RAUM (Selbstbeobachtung)	OUTPUT
REIZ-INPUT Was willst du damit – aussagen? – erreichen? – erzielen?	MEIN ENTSCHEIDUNGS-FREIRAUM Rückbesinnung auf meine Werte, Normen und Zielvorstellungen	MEIN VERHALTENS-OUTPUT … bleibt immer meine persönliche Freiheit. Hochmut oder Demut? Ich kann meine Emotionen schrittweise aufbauen!
Ich will zuerst verstehen, bevor du mich verstehst!	Ich will zuerst verstehen, dann verstanden werden.	„Niemand kann mich erfreuen oder ärgern, wenn ich es nicht will.“

Abb. 18: Entscheidungsfreiraum nutzen

Reaktiver Mensch …	Pro-aktiver Mensch …
– Wird von Gefühlen geleitet. – Hat Probleme, die von außen nach innen gehen. – Ist Richter – wertet. – Ist Kritiker. – Ist Teil der Problems. – Denkt und lebt im „HABEN“. – Ich habe Sorgen, Ärger, schlechte Mitarbeiter …	– Wird von Werten geleitet. – Verändert, von innen nach außen. – Ist Licht – geht weiter. – Ist Modell, Vorbild, Dienender. – Ist Teil der Lösung. – Denkt und lebt im „SEIN“. – Ich will geduldig, liebevoll, kreativ sein …

Abb. 19: Pro-aktive und reaktive Menschen

Von der Fremd- zur Selbstbestimmung

Die Hunde bellen,
aber die Karawane zieht weiter.
Arabisches Sprichwort

Wir sind fremdbestimmt, wenn andere unser Verhalten bestimmen. Wir sind selbstbestimmt, wenn wir selbst, durch unsere innere Stärke, unser Verhalten bestimmen. Der *Entscheidungsfreiraum,* den uns niemand wegnehmen kann, entscheidet über unsere zukünftige Einstellung und unser Verhalten.

Zur Selbstbestimmung gehört auch, die vielen Rollen, die der Führende, wie jeder Mensch, im Leben spielt, zu erkennen und mit Leben zu erfüllen. Für jede Rolle muss mindestens ein herausforderndes Ziel formuliert werden:

- *Eltern:* Die Kinder zu einem Beruf führen, der sie ausfüllt und in dem sie glücklich sind. Von den Kindern als Partner akzeptiert werden.

- *Partner:* Den Partner spüren lassen, dass er nicht zur Gewohnheit geworden ist, sondern immer noch aufregend und interessant ist. Die Kommunikation darf nicht einschlafen.
- *Gesellschaft:* Der Allgemeinheit einen außergewöhnlichen Dienst erweisen.
- Für das Well-being gilt die Aussage Gurdjieffs: „Wenn wir während unseres verantwortlichen Lebens nichts gesät haben, werden wir in Zukunft nichts zu ernten haben."

Weiterführende Literatur

COVEY, S. u. MERRILL, A. R.: First Things First. New York 1999.

FINKELSTEIN, S.: Why Smart Executives Fail. New York 2003.

FRIEDMAN, S. D. u. GREENHAUS, J. H.: Work and Family: Allies or Enemies? New York 2000.

FRITZ, R.: The Path of Least Resistance. Oxford 1999.

FRITZ, R.: Creating. Oxford 1994.

HADOT, P.: Wege zur Weisheit. Berlin 1999.

KRAUTHAMMER, E. u. HINTERHUBER, H. H.: Der Kunde als Botschafter. 2. Aufl., Berlin 2005.

KRAUTHAMMER, E. u. HINTERHUBER, H. H.: Wettbewerbsvorteil Einzigartigkeit. 2. Aufl., Berlin 2005.

KOESTENBAUM, P.: Leadership. The Inner Side of Greatness. 2. Aufl., San Francisco 2003.

MINTZBERG, H.: Managers Not MBA's: A Hard Book at the Soft Practice of Managing Management Development. San Francisco 2004.

SCHMID, W.: Mit sich selbst befreundet sein. Frankfurt am Main 2004.

SMITH, H. W.: The 10 Natural Laws of Successful Time & Life Management. London 1995.

WYLLER, T.: Geschichte der Ethik. Eine systematische Einführung. 2. Aufl., Paderborn 2004.

7. Leadership-Verantwortung: Unternehmungskultur/ Kommunikation

Kultur ist im Herzen jedes Einzelnen.
Nestroy

Definition

Die Unternehmungskultur ist die Summe aller gelebten und anerkannten Werte, Normen und Zielvorstellungen. Die Unternehmungskultur bestimmt konkret das menschliche Verhalten in jeder unternehmerischen Tätigkeit.

Ziele

- die Einstellung und das Verhalten der Führungskräfte und Mitarbeiter sollen das von der Unternehmungsleitung gewünschte Erscheinungsbild bewirken. Das Erscheinungsbild oder die Corporate Identity (CI) ist das Bild, so wie wir, als Unternehmung, wünschen, dass die Außenwelt uns sieht.
- Die Unternehmungskultur soll das Mitarbeiterengagement als Voraussetzung für Kundenzufriedenheit, Kundentreue und aktive Kunden fördern.

Werte, Normen und Ziele im Verhalten der Mitarbeiter

Wohin du auch gehst,
geh mit deinem ganzen Herzen.
Konfuzius

Werte bestimmen Einstellungen. Einstellungen bestimmen Verhalten. Ein Beispiel: Persönliches Wachstum bei der Arbeit ist für mich wichtig (= Wert). Die Arbeit bietet mir jedoch keine Möglichkeit für persönliches Wachstum; Aufgaben, die ich zu bewältigen habe, sind nicht herausfordernd (= Einstellung). Ich kündige (= Verhalten). Werte und Verhalten werden durch die persönliche Integrität verbunden (= Ich folge meinem Gewissen).

Werte sind Einstellungen und gelebte Verhaltensweisen in Bezug auf bestimmte Wunschvorstellungen. Die Wunschvorstellungen betreffen zum Beispiel die internen und/oder externen Kunden, die Mitarbeiter, die Unternehmung, die Führung, die Technologie usw. Die Werte lassen sich durch gezielte Fragestellungen festhalten. *Beispiel:* Was möchten Sie gerne in der Zeitung über Ihre Unternehmung lesen?

Die *unternehmerische Norm* ist der gewünschte SOLL-Zustand oder der gewünschte Verhaltensrahmen in Bezug auf jeden Wert. *Beispiel:* Sie möchten in der Zeitung lesen, dass Ihre Unternehmung neue Standards der Kundenzufriedenheit gesetzt hat.

Die *unternehmerische Zielrichtung* lässt sich dadurch festhalten, dass jedem Wert und jeder Norm ein konkretes Ziel im Verhalten der Mitarbeiter gegeben wird. *Beispiel:* Jeder Mitarbeiter setzt sich zum Ziel, pro Tag mindestens eine positive Rückmeldung seitens eines zufriedenen internen oder externen Kunden zu erhalten.

Eine Zusammenfassung sehen Sie in Abbildung 20.

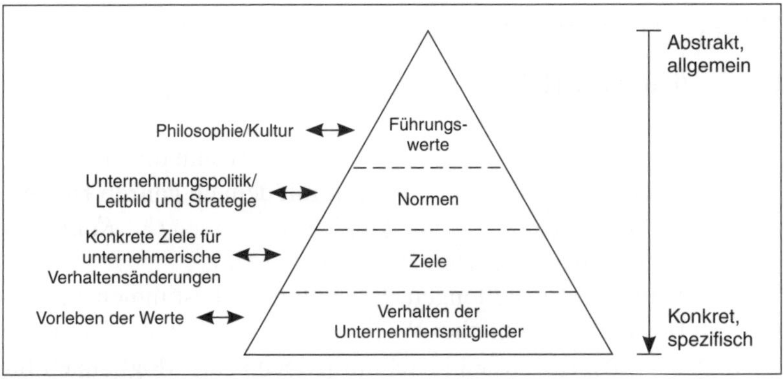

Abb. 20: Führen mit Werten

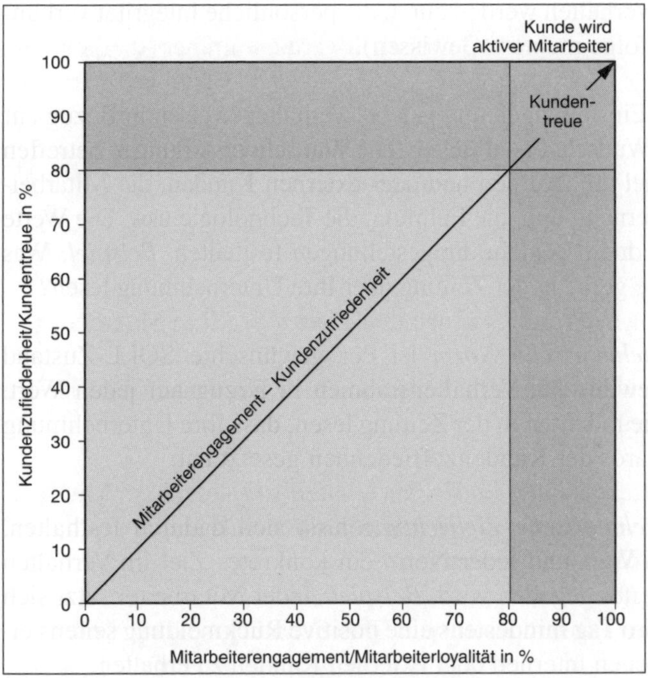

Abb. 21: Kundenzufriedenheit/Kundentreue geht über Mitarbeiterzufriedenheit und Mitarbeiterloyalität

Werte, Normen und Ziele müssen *gelebt* sein; je glaubwürdiger sie von oben nach unten vorgelebt werden, desto spürbarer bringt die Unternehmungskultur die Unternehmung in Richtung auf die Vision oder den Kernauftrag weiter.

Die Unternehmungskultur ist die Grundlage des Mitarbeiterengagements. Kundenzufriedenheit und Kundentreue lassen sich nur durch engagierte Mitarbeiter verwirklichen (Abb. 21).

Diagnose und Visualisierung der Unternehmungskultur

Offenheit verdient immer Anerkennung
Otto von Bismarck

Das Bewusstsein oder -werden der Unternehmungskultur lässt sich durch gezielte Fragestellungen ermitteln:

1. Fragen an die Führenden:

   - Welche Werte, Normen und Ziele leben Ihre Mitarbeiter?
   - Glauben Ihre Mitarbeiter an die Kultur und leben sie sie auch?
   - Welche Inhalte sind in den Köpfen und Herzen der Mitarbeiter verankert und werden von diesen als Engagement/Verpflichtung angenommen?
   - Bringt unsere Kultur die Unternehmung spürbar weiter?

2. Fragen an die Mitarbeiter:

- Welche Werte, Grundwerte und Überzeugungen sind für Sie in der Unternehmung maßgeblich?
- Für welche Werte setzen Sie sich rückhaltlos ein?
- Welche Normen sind für Sie in der Unternehmung notwendig?
- Nennen Sie ein oder mehrere unternehmerische Verhaltensziele, für die Sie sich voll engagieren.

Die Fragen lassen sich in Profilform darstellen und ergeben ein anschauliches Bild der Ist-Situation der Unternehmungskultur. Auf gleiche Weise lässt sich durch gezielte Fragestellungen der Soll-Zustand der Unternehmungskultur definieren und visualisieren. Jede Schriftlichkeit von Unternehmungsgrundsätzen ist jedoch nur Alibifunktion, wenn Werte, Normen und Ziele nicht gelebt werden.

Die Entwicklung von pro-aktiven Maßnahmen zur Beeinflussung der Unternehmungskultur

Lebe so mit dem Menschen,
als ob Gott es sähe; sprich so mit Gott,
als ob die Menschen es hörten.
Seneca

Ein konkretes, praktisches Vorgehen bei der Erarbeitung der Unternehmungskultur ist:

1. Festhalten der unternehmerischen Werte und Normen.

2. Anonyme Umfrage bei den Mitarbeitern, basierend auf Punkt 1, hinsichtlich
   a) subjektivem Ist-Zustand (Ist-Situation)
   b) gewünschtem Soll-Zustand für die nächsten 12 Monate.

3. Setzen von drei Prioritäten, um die gewünschten Verhaltensveränderungen der Mitarbeiter festzuhalten.

4. Definition der gewünschten Normen als Ausdruck der Unternehmungskultur, verbunden mit Zielvorstellungen.

5. Kommunikation mit Mitarbeitergruppen; Erarbeitung von konkreten Zielen und Maßnahmenvorschlägen durch die Gruppen:
   a) für den eigenen Bereich,
   b) für die gesamte Unternehmung.

6. Umsetzung der Aktionspläne und

7. Vorleben.

Das Ziel von Kommunikation ist *nicht* Konsens: Ein vollständiger Konsens würde die Kommunikation überflüssig machen. Damit Kommunikation funktioniert, muss immer ein Dissens vorhanden sein, der konstruktiv und mit Argumenten gelöst wird.

Im Folgenden werden Beispiele für Kulturwerte, für die inhaltliche Gestaltung des Fragebogens, für das Setzen von Prioritäten, für Normen und Zielvereinbarungen aufgeführt.

Für die Beeinflussung der Unternehmungskultur im Sinne der Strategie gibt es kein Schema und keine „Patentlösung". Es kommt immer darauf an, dass die Führenden die Begegnung mit den Mitarbeitern suchen, sich in deren Lage versetzen und sich um „Verstehen" bemühen. Die dargestellte Vorgehensweise lässt Möglichkeiten und Schwächen der Unternehmungskultur deutlich werden und gibt, aufgrund der Transparenz der Methode, Anregungen für pro-aktive Maßnahmen.

Beispiele für Kulturwerte:

- Weitsicht/Denken in Netzwerken
- Unternehmerischer Antrieb
- Innovationsorientierung
- Kundenorientierung
- Mitarbeiterorientierung/Respekt vor dem anderen
- Kostenorientierung
- Serviceorientierung
- Flexibilität
- Soziale Kompetenz
- Teamfähigkeit

Beispiele für einen Fragebogen:

- Weitsicht: Sehen die Führungskräfte über ihren unmittelbaren Verantwortungsbereich hinaus?
- Unternehmerisches Verhalten: Nutzen die Führungskräfte ihren Handlungsspielraum initiativ und selbständig, um Dinge im Interesse der Unternehmung zu verändern?

- Innovationsorientierung: Werden innovative Bemühungen gefördert, anerkannt und belohnt?

- Kundenorientierung: Hat der Kunde unsere erste Priorität? Versucht jeder, sein Verhalten aus der Sicht des Kunden zu bestimmen?

- Mitarbeiterorientierung/Respekt vor dem anderen: Werden die Mitarbeiter als Schlüssel zum Erfolg angesehen?

- Kostenorientierung: Fühlt sich jeder an seinem Platz für Kostensenkungen verantwortlich?

- Serviceorientierung: Setzt sich die Unternehmung in der Auftragserfüllung für den Kunden in der gleichen Weise ein wie in der Akquisitionsphase?

- Flexibilität: Zeichnet sich die Unternehmung in schwierigen Situationen durch Flexibilität aus?

- Fehlertoleranz: Werden Fehler, wenn sie offen diskutiert werden, nicht bestraft?

- Soziale Kompetenz: Zeigt er oder sie Einfühlungsvermögen, aktives Zuhören, Sensibilität für unterschiedliche Denk- und Handlungswelten anderer Kulturen?

Beispiele für die Normen:

- Weitsicht: Wir sehen über die eigenen Verantwortungsbereiche hinaus und handeln loyal im Interesse der gesamten Unternehmung.

- Unternehmerisches Verhalten: Wir wollen durch herausragende Produkte und Dienstleistungen besser und schneller sein als die anderen.

- Innovationsorientierung: Wir engagieren uns für Kreativität und Innovation.

- Kundenorientierung: Die Interessen der Kunden sind auch unsere Interessen; wir streben langfristige Partnerschaften an.

- Mitarbeiterorientierung: Engagierte und glückliche Mitarbeiter führen zu zufriedenen Kunden.

- Kostenorientierung: Wir setzen unsere Ressourcen effizient ein und handeln kostenbewusst.

- Serviceorientierung: Wir setzen auf langfristige Partnerschaft, indem wir den Kunden nach Auftragserteilung und -erfüllung eine zusätzliche Mehrleistung bieten.

- Flexibilität: Wir passen unser Denken und Handeln an die sich stets wandelnden Verhältnisse nach innen und nach außen an, ohne an Glaubwürdigkeit zu verlieren.

- Fehlertoleranz: Wir fördern die Experimentierfreudigkeit der Mitarbeiter.

Beispiele für die Prioritäten:

- Führung: Verbesserung der Informations- und Kommunikationswege.

- Kunde: Die Begeisterung der Kunden durch zusätzliche Dienstleistungen muss unsere erste Priorität sein.

- Mitarbeiter: Anerkennung und Lob sollen vermehrt zum Mitarbeiterengagement beitragen.

Beispiele für die Zielvereinbarungen:

- Kundenorientierung: Nach Auftragserteilung und nach Produktauslieferung oder Bereitstellung der Dienstleistung findet mindestens eine, auf den Kunden zugeschnittene, außergewöhnliche Leistung statt.

- Mitarbeiterorientierung: Jeder Mitarbeiter kennt konkret seinen Beitrag zur Kundenzufriedenheit.

- Anteilseigner: Wir honorieren die Kapitalgeber für die Bereitstellung des Kapitals und das Eingehen eines Risikos mit einer Wertsteigerung von mindestens … %.

Die erfolgreichen Unternehmungen sind die, in denen der Großteil der Handlungen freiwillig erfolgt und in denen die Mitarbeiter die richtigen Dinge rechtzeitig tun. Die richtigen Dinge sind die, die den Kundennutzen erhöhen und den Wert der Unternehmung nachhaltig steigern. Wird die Unternehmungskultur von oben nach unten vorgelebt, dann verstehen die Mitarbeiter gleichsam von selbst, was zu tun ist, und sind auch davon überzeugt, dass sie die richtigen Dinge tun; sie handeln, ohne auf Weisungen von oben zu warten.

Das Erarbeiten einer Kultur, wie auch des Leitbildes, ist keine leichte Angelegenheit. Oft sind es nur Alibiübungen, und das „Papier" verschwindet in irgendeiner Schublade.

Für diese Übung schlagen wir vor, einen erfahrenen Coach beizuziehen, dem es auch gelingen muss, Führung und Mitarbeiter für die Unternehmungskultur und das Leitbild zu engagieren.

Weiterführende Literatur

DE WIT, B. u. MEYER, R.: Strategy. Process, Content, Context. An International Perspective. 3. Aufl., Minneapolis 2005.

GREENLEAF, R. K.: Servant Leadership. New York 1991.

HINTERHUBER, H. H.: Leadership. Strategisches Denken systematisch schulen von Sokrates bis Jack Welch. 4. Aufl., Frankfurt am Main 2005.

HINTERHUBER, H. H.: Strategische Unternehmungsführung. 7. Aufl., Berlin, New York 2004.

KETS DE VRIES, M.: Life and Death in the Executive Fast Lane. San Francisco 1995.

KETS DE VRIES, M. u. FLORENT-TRACY, E.: The New Global Leaders. Chichester 1999.

KRAUTHAMMER, E. u. HINTERHUBER, H. H.: Wettbewerbsvorteil Einzigartigkeit. 2. Aufl., Berlin 2005.

MATZLER, K. PECHLANER, H. u. RENZL, B. (Hrsg.): Perspektiven einer stakeholderorientierten Unternehmensführung. Wiesbaden 2003.

NORMANN, R.: Service Management. 3. Aufl., Chichester 2000.

SAUNDERS, B. u. KLINE, P.: Ten Steps to a Learning Organization. San Francisco 1997.

SEN, H. u. KLINE, P.: The Genesis Principle: A Journey into the Source of Creativity and Leadership. San Francisco 1998.

STADLER, Ch.: Unternehmenskultur bei Royal Dutch/Shell, Siemens und DaimlerChrystler. Stuttgart 2004.

VON KROGH, G., ICHIJO, K. u. NONAKA, I.: Enabling Knowledge Creation: How to Unlock the Mystery of Tacit Knowledge and Release the Power of Innovation. Oxford 2000.

YUKL, G.: Leadership in Organizations. 6. Aufl., Upper Saddle River 2005.

8. Leadership-Verantwortung: Jahresleitbild

Nicht nachdenken – vordenken!
Kurt Guggenheim

Definition

- Das Leitbild ist die Visualisierung der Grundregeln in der Unternehmung; es basiert auf den Werten, Normen und Zielvorstellungen, wie sie in der Unternehmungskultur gelebt werden.
- Das Leitbild ist mit einer Hausordnung vergleichbar, die klare Informationen schafft.

Ziele

- Die einheitliche Ausrichtung aller Kräfte auf die Zufriedenstellung der strategischen Stakeholder – Partner – der Unternehmung.
- Das Leitbild soll orientieren, legitimieren und motivieren.

Die drei Funktionen des Leitbildes

Wer Wandel erreichen will,
muss ihn vorleben.
Mahatma Gandhi

Ein Leitbild (Mission statement, Charte, Constitution) hat nur eine Berechtigung, wenn es alle Mitarbeiter in Richtung auf die Zufriedenstellung der Kunden, aber auch der anderen strategischen Stakeholder in Bewegung setzt; erfüllt das Leitbild dieses Ziel nicht, hat es nur eine Alibifunktion. Aufgabe und Ziel des Leitbildes im Sinn eines Verhaltensauftrags ist, das Verhalten der Mitarbeiter auf eine positive Weise zu beeinflussen, sodass es gleichsam als Einzigartigkeit von den Kunden und von Dritten erkannt wird. Die Unternehmungskultur ist, wie wir in der Unternehmung miteinander umgehen und uns im Umgang mit unseren Partnern verhalten. Dieses positive Bild muss nach außen gelebt und gezeigt werden. Letzten Endes gilt immer die Erfahrungstatsache: Die Mitarbeiter wollen auf ihre Führenden stolz sein. Das Leitbild muss konkrete Jahresziele setzen. Wir sprechen deshalb von einem *Jahresleitbild.*

Das Jahresleitbild erfüllt drei *Funktionen:*

1. Eine *Orientierungsfunktion* mit dem Ziel: klare Informationen schaffen und alle Mitarbeiter für die gemeinsame Zielrichtung engagieren;

2. eine *Legitimationsfunktion* mit dem Ziel der klaren Definition aller unserer Partner, Interessenträger, Ansprechgruppen, die von der Unternehmung zufrieden gestellt werden müssen und auch zur nachhaltigen Wertsteigerung der Unternehmung beitragen;

3. eine *Motivationsfunktion* mit dem Ziel, dass alle Mitarbeiter durch ihr pro-aktives Verhalten zum Erfolg der Unternehmung beitragen.

Die Orientierungsfunktion des Leitbildes

Halte dir deine Absicht bei jedem
Schritt, den du tust, vor Augen.
Asiatisches Sprichwort

Die grundlegende Frage, auf die die Orientierungsfunktion des Leitbildes eine Antwort geben muss, lautet: „Wie machen wir unsere Kunden *noch* erfolgreicher?“ (Abb. 22)

Die Antwort auf diese Frage findet sich in den folgenden vier Leadership-Verantwortlichkeiten:

1. *Kernauftrag:*
   Welchen Wunschtraum wollen wir unseren Kunden erfüllen?

2. *Kernkompetenz:*
   Was ist unsere Kernkompetenz, um ihnen diesen Wunsch zu erfüllen?

3. *Kernprodukte/Kerndienstleistungen:*
   Welche Produkte/Leistungen ergeben sich aus der Kernkompetenz? Welche Endprodukte/Endleistungen lassen sich mit den Kernprodukten/Kerndienstleistungen herstellen?

4. *Kerndifferenzierung/Wettbewerbsvorteil:*
   Welchen Wettbewerbsvorteil erkennt der Kunde, sodass er seinen Wunsch bei uns erfüllt?

Wie sollen sich die Mitarbeiter in Situationen verhalten, für die es keine klaren Orientierungen gibt? Im Leitbild muss deshalb festgehalten werden, dass *alle* Handlungen, die Gewissenskonflikte erzeugen, kommuniziert und mit den zuständigen Führungskräften diskutiert werden müssen.

Mitarebeiterengagement

↓

Kundenzufriedenheit

↓

Kundentreue

↓

Kunden als Mitarbeiter = Erfolg der Unternehmung

Abb. 22: Die Grundlagen der erfolgreichen Unternehmung

Die Legitimationsfunktion des Leitbildes

Wer ist weise? – Der von jedem lernt.
Aus dem Talmud

Die Legitimationsbasis der Unternehmung ist in Europa größer als in den USA oder in Japan. In den USA ist die Hauptlegitimationsquelle für den Chief Executive Officer (CEO) die Aktionärsversammlung. Shareholder Value ist die oberste Zielsetzung der Unternehmung. In Europa ist die Situation komplexer. Fehlt die Akzeptanz seitens der Mitarbeiter, der Gewerkschaften, des Betriebsrates, oft sogar seitens der Politiker, der Parteien, der Regierungen oder der öffentlichen Meinung, muss verhandelt werden. In Europa müssen die Führenden verhandeln und überzeugen, mit anderen Worten, sie müssen klare, erreichbare und messbare Ziele mit den strategischen Stakeholdern vereinbaren. Die großen Ziele in Bezug auf die einzelnen Stakeholder werden im Jahresleitbild festgehalten.

Die Leadership-Aufgabe besteht darin, alle strategischen Stakeholder, d. h. also alle Partner, Interessenträger, Ansprechgruppen, die von der Unternehmung in irgendeiner Art zufrieden gestellt werden müssen und die auch zur nachhaltigen Wertsteigerung des Unternehmens beitragen, aufzulisten (Abb. 23).

Kunden Mitarbeiter Aktionäre oder Anteilseigner Lieferanten Gesellschaft Öffentlichkeit, Medien Behörden Verbände Partner in strategischen Netzwerken Banken Tochtergesellschaften ...

Abb. 23: Die Stakeholder der Unternehmung (Beispiele)

Die Motivationsfunktion des Leitbildes

Traurig ist der Schüler,
der seinen Meister nicht übertrifft.
Leonardo da Vinci

Das pro-aktive Unternehmungsleitbild oder das *Jahresleitbild* enthält die Ziele, die es auf der Grundlage von angemessenen Vergleichen mit den Konkurrenten, anderen Referenzunternehmungen oder mit eigenen Vorstellungen zu erreichen gilt. Die Motivationsfunktion des Leitbildes besteht darin, die Mitarbeiter herauszufordern, in der Wahl und Umsetzung der Mittel zur Erreichung der vereinbarten Ziele besser zu sein, als sie selbst zu sein glauben.

Die Leadership-Frage lautet: Welches sind unsere gemeinsamen Unternehmungsziele? Hier muss die Unternehmungsleitung klar bekennen, welche prioritären Jahresziele sie zu erreichen wünscht, ohne jedoch schon konkret den Weg vorzugeben. Mit dem Motto „Weniger ist mehr“ sollten es nicht mehr als drei Ziele sein.

Beispiele:

- Unsere Kunden und Partner zu Botschaftern unserer Unternehmung machen.

- Höchste Professionalität ist das Ziel jedes Einzelnen.

- Die Übernahme von ausgewählten Unternehmungen anstreben.

Diese Zielrichtung soll jedem Mitarbeiter helfen, sich Gedanken über seinen persönlichen Beitrag an dieser Zielerreichung zu machen.

Die Motivationsfunktion des Leitbildes betrifft alle unsere Partner, die darauf stolz sein möchten, in einer attraktiven Unternehmung ihren Beitrag leisten zu dürfen.

Die Leadership-Frage lautet: Mit welchem unternehmerischen Verhalten, mit welchen unternehmerischen Aktivitäten und mit welchem unternehmerischen Ziel wollen wir unsere Partner zufrieden stellen und den *Wert der Unternehmung* nachhaltig steigern?

Die Unternehmungsleitung muss *alle* strategischen Stakeholder, die durch ihre Produkte, Dienstleistungen und Tätigkeiten angesprochen werden, zufrieden stellen. Wenn die Unternehmung nicht Werte für die Kunden, die Mitarbeiter, die Gesellschaft, die Lieferanten und eventuell verbündete Unternehmungen schafft, kann sie ihren Wert nicht nachhaltig erhöhen.

Beispiele:

- Kunden: Diesen Nutzen beim Kunden erreichen wir durch Spitzenleistungen in der Kundenbetreuung, im Service-Bereich und in der Pünktlichkeit der Auslieferung oder wir vertiefen unsere Kundenbindung durch ein außergewöhnliches, persönliches Engagement.

- Mitarbeiter: Jeder Mitarbeiter kennt seinen Beitrag zur Kundenzufriedenheit und setzt diesen täglich um.

- Anteilseigner: Wir wollen weiterhin im Markt wachsen und gleichzeitig den Wert der Unternehmung erhöhen oder wir streben eine jährliche Wertsteigerung an, die den Branchendurchschnitt übertrifft.

Aufgabe und Ziel des Jahresleitbildes bestehen darin, das Verhalten der Mitarbeiter so zu beeinflussen, dass die Unternehmung ihren Wert nachhaltig steigern kann. Das Jahresleitbild mit seinen großen Zielen in Bezug auf die strategischen Stakeholder und seinen Werten ist ein Verhaltensauftrag.

Die Stakeholder-Analyse

Der Mensch ist das,
was er liebt.
Meister Eckhart

Die Stakeholder sind die Individuen oder Gruppen, die durch die Strategien und Aktionspläne der Unternehmung getroffen werden oder deren Erfolg maßgeblich beeinflussen können. Die Stakeholder-Analyse (Abb. 24) vermittelt einen Einblick in die Einflussmöglichkeiten und Einstellungen der Individuen oder Gruppen, die ihr Schicksal

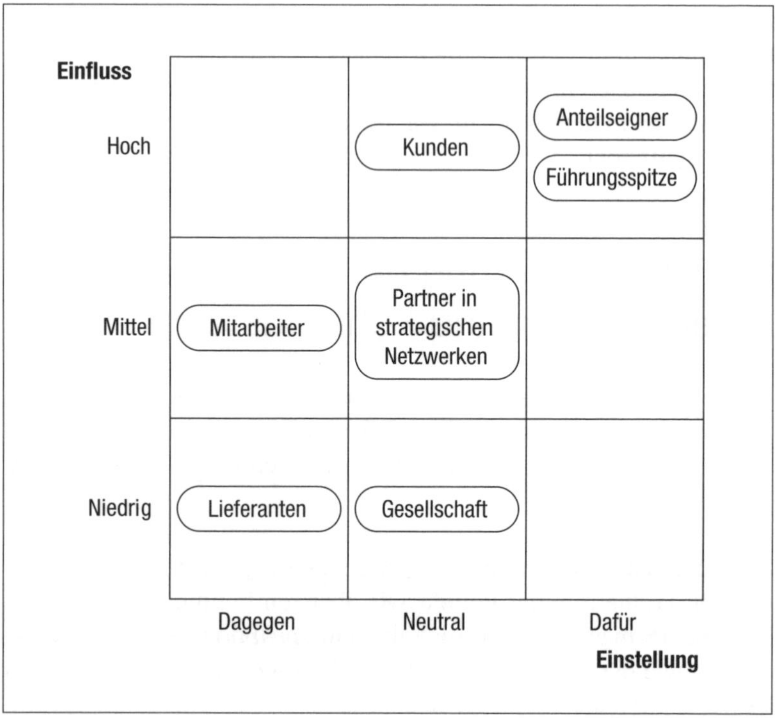

Abb. 24: Grundschema der Stakeholder-Analyse (Beispiel)

mit dem der Unternehmung verbunden haben; sie ermöglicht es, die Beziehungen der Unternehmung zu ihren Stakeholdern pro-aktiv zu steuern. Stakeholder im rechten oberen Feld sind einflussreich und *für* die unternehmerischen Veränderungsprozesse. Stakeholder im linken oberen Feld sind ebenfalls einflussreich, jedoch *gegen* die unternehmerischen Veränderungsprozesse. Die Führungsaufgabe besteht darin, Situationen zu schaffen, die die Stakeholder im linken oberen Feld bewegen, ihre Einstellung zu ändern und die Veränderungsprozesse zu unterstützen oder wenigstens nicht zu behindern. Je weiter rechts oben ein Stakeholder positioniert ist, desto früher muss er in den unternehmerischen Veränderungsprozess eingebunden sein und desto stärker kann er Stakeholder mit einer negativen

Einstellung zu einem Überdenken ihrer Haltung bewegen. Die Unternehmungsleitung muss mit allen maßgebenden Stakeholdern pro-aktiv kommunizieren; in der Regel nimmt der Widerstand gegenüber dem Wandel in dem Maß ab, wie rechtzeitig eine offene Kommunikation stattfindet.

Die Parallelisierung der Interessen von Anteilseignern und Führungsteam

In den Augenblicken, da die großen Absichten verloren gehen und ein kleiner Geist der Künstelei wirksam wird, geschieht nichts Großes mehr.
Scharnhorst

Den Aktionären kommt in der Wirtschaft eine ähnliche Bedeutung zu wie den Wählern in der Politik: Die obersten Führungskräfte stehen heute in einem ähnlichen Verhältnis zu ihren Aktionären oder Anteilseignern wie die Politiker zu ihren Wählern. Wenn die Aktionäre sich an Werten orientieren, die sie in ganz anderer Weise als Einheit repräsentieren, als das bisher der Fall war, werden sie sich stärker miteinander verbunden fühlen, als das in den elitären europäischen Führungsstrukturen bislang für möglich gehalten wurde. Deshalb werden sich die „Shareholder Values", wenn sie in einer langfristigen Perspektive gesehen werden, zunehmend Gehör verschaffen.

Der Zusammenhang zwischen dem Aktienkurs und dem Verhalten des Führungsteams einer Unternehmung ist problematisch. Die Verbindung von Aktienkurs und/oder Dividende berücksichtigt vor allem externe Einflüsse wie z. B. niedrige Zinsen und weniger die spezifische Leistung des Führungsteams.

Die Wertsteigerung der Unternehmung ist ein zweckmäßiger Maßstab, um den variablen Anteil der Vergütung der obersten Führungskräfte nach Maßgabe ihrer persönlichen Leistungen zu bestimmen. Der variable Vergütungsanteil beträgt in der Regel zwischen 20 und 45 % des Jahreszieleinkommens. Abbildung 25 veranschaulicht den Zusammenhang zwischen Jahresentgelt des Führungsteams und Wertsteigerung der Unternehmung oder des von diesem geleiteten Unternehmungsteiles. Für die Wertsteigerung wird nach Maßgabe der strategischen Planung der Mittelwert im Planungszeitraum verwendet; in der Regel wird nur ein Drittel des entsprechenden Entgelts ausbezahlt, der Rest auf die nächsten drei Jahre aufgeteilt. Dadurch soll langfristiges Denken unter großen Perspektiven bei gleichzeitigem Erwirtschaften kurzfristiger Ergebnisse gefördert werden.

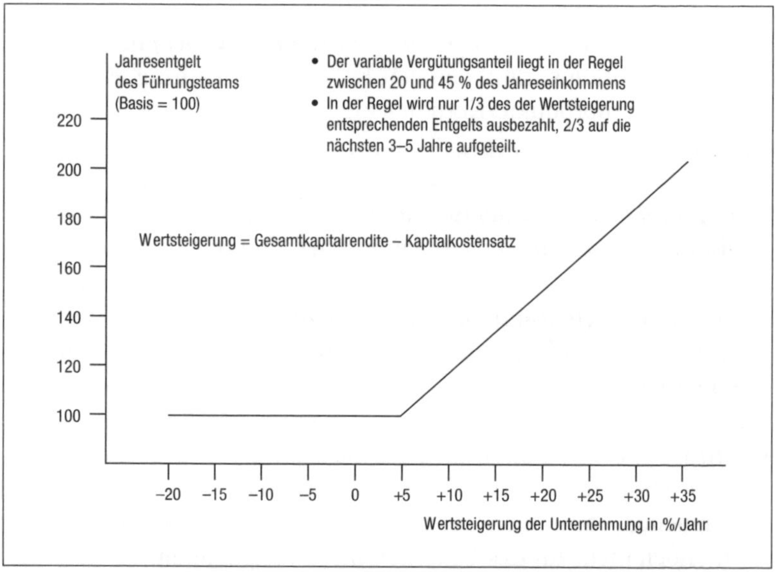

Abb. 25: Das Jahresentgelt des Führungsteams in Abhängigkeit von der Wertsteigerung der Unternehmung (Beispiel)

Wann ist ein Leitbild wirksam?

Wer nicht auf einen Wink hin versteht,
mit dem lohnt es sich nicht zu reden.
Arabisches Sprichwort

Ein Leitbild ist nur dann wirksam, wenn es *eine Bewegung in die Zukunft* auslöst. Daher soll ein Leitbild flexibel sein und mindestens einmal im Jahr von den Führenden neu überdacht werden.

Ein pro-aktives Leitbild muss Antworten auf vier Fragen geben:

1. *Was ist die Daseinsberechtigung unserer Unternehmung?*
   Hier antworten wir mit den vier Ks, d. h. Kernauftrag, Kernkompetenz, Kernprodukte/Kerndienstleistungen und Kerndifferenzierung.

2. *Wer sind unsere strategischen Stakeholder?*
   Hier führen wir alle unsere Partner der Unternehmung auf.

3. *Welche Kernziele soll die Unternehmung erreichen?*
   Hier finden wir die zwei, maximal drei, priortären Jahresziele der Unternehmung.

4. *Mit welchem Verhalten sollen diese Ziele erreicht werden?*
   Hier definieren wir die Erwartung(en) eines jeden Partners und versuchen, ihm einen Zusatzwert zu bieten (Added Value), um ihn noch mehr für das Unternehmen zu engagieren.

An diese vier Fragen schließt sich eine fünfte Frage an, auf die jeder einzelne Mitarbeiter eine auf seine Tätigkeit bezogene, persönliche Antwort geben muss:

Welchen persönlichen Beitrag leiste ich in der Unternehmung zur Zufriedenstellung eines internen oder externen Kunden oder Stakeholders?

Somit enthält ein wirksames Leitbild in einfachster Form (1) die Kernkompetenzen der Unternehmung, (2) die Kernziele in Bezug auf die strategischen Stakeholder und (3) die Werte und Normen der Unternehmungskultur, damit sie für jeden Mitarbeiter verständlich sind und von ihm auch gelebt werden können.

Weiterführende Literatur

BENNIS, W. u. GOLDSMITH, J.: Learning to Lead: A Workbook on Becoming a Leader. New York 1997.

EDMÜLLER, A. u. WILHELM, Th.: Argumentieren. Sicher, treffend, überzeugend. 2. Aufl., Planegg 2000.

GARDNER, H.: Changing Minds: The Art and Science of Changing Our Own and Other People's Mind. Boston 2004.

HILB, M.: Integriertes Personalmanagement. 3. Aufl., Neuwied 2005.

HINTERHUBER, H. H.: Leadership. Strategisches Denken systematisch schulen von Sokrates bis Jack Welch. 4. Aufl., Frankfurt am Main 2005.

KOUZES, J. M. u. POSNER, B. Z.: Credibility: How Leaders Gain and Lose It, Why People Demand It. San Francisco 1995.

NEFF, TH. J. u. CITRIN, J. M.: Lessons from the Top. New York 1999.

NORTHHOUSE, P. G.: Leadership. Theory and Practice. 2. Aufl., London 2001.

ROBBINS, St. P.: Organizational Behavior. 11. Aufl., Upper Saddle River 2005.

9. Leadership-Verantwortung: Organisation sowie Auswahl und Entwicklung der Führungskräfte

Ist denn für den guten Menschen
nicht jeder Tag ein Festtag?
Plutarch

Definition

Die Organisation ist die Gesamtheit von Strukturen, Abläufen (Prozessen) und Rahmenbedingungen, die eine optimale Entfaltung aller Mitarbeiter im Interesse der Unternehmung erlaubt. Ein Geschäftsprozess ist eine Gesamtheit von integrierten Tätigkeiten, die die Unternehmung horizontal durchziehen, die Lieferanten miteinbeziehen und auf die Zufriedenstellung der externen und internen Kunden gerichtet sind.

Ziel

Das Ziel der Organisation ist, die Mitarbeiter in die Lage zu versetzen, die Kundenzufriedenheit und die Kundentreue zu steigern sowie den Kunden zum Botschafter der Unternehmung zu machen.

Das Führungsteam

> Das Nicht-Vorleben unserer Werte
> ist Grund für Entlassung – auch
> wenn die Ziele erreicht wurden.
> *Jack Welch*

Eine Unternehmung ist nur dann lebensfähig, wenn das oberste Führungsteam mit einer inneren positiven Einstellung eine Einheit lebt und vorlebt. Jeder Konflikt im obersten Führungsteam, auch wenn er unausgesprochen ist, wird in der ganzen Unternehmung bemerkt und löst Unruhe aus. Der Fisch stinkt bekanntlich immer zuerst am Kopf.

Entscheidend für Erfolg und unternehmerische Erneuerungsfähigkeit ist, dass die oberste Führungskraft an das Führungsteam glaubt, mit dem sie die Unternehmung in die Zukunft führt. An die eigenen Mitarbeiter glauben und sie einladen, dasselbe zu tun mit denjenigen, mit denen sie selbst zusammenarbeiten, kann die Unternehmungskultur radikal verändern. Die oberste Führungskraft muss Vertrauen geben und als Gegenleistung Vertrauen erhalten. Vertrauen heißt Delegation, Autonomie, Verantwortungsfreude, Schnelligkeit und Offenheit. Die Motivation der Mitarbeiter und die Freisetzung ihrer Energien werden nur dann wirksam, wenn man an sie glaubt.

Vertrauen heißt aber auch, den Mut aufzubringen, sich immer wieder selbst in Frage zu stellen. Nur auf diese Weise lassen sich die Kultur, die Mentalitäten und die Einstellungen in der Unternehmung verändern und pro-aktiv den neuen Kundenbedürfnissen und Wettbewerbsverhältnissen anpassen. An das Führungsteam glauben und sich selbst immer wieder in Frage stellen sind die Voraussetzungen dafür, dass die oberste Führungskraft die Unternehmung vor dem Risiko bewahrt, dass Bürokratisierung, Selbstgefälligkeit und Verantwortungslosigkeit um sich greifen.

Grundlage jeder erfolgreichen Unternehmung ist ein effizientes, einheitliches und zukunftsbezogenes Führungsteam. Aus diesem Grunde ist es wichtig, dass die oberste Führungskraft ihr Führungsteam auf diese Kriterien hin überprüft.

Wie kann die oberste Führungskraft die Effizienz, Einheitlichkeit und gemeinsame Sicht der Zukunft eines jeden einzelnen Teamplayers im Vorstand oder in der Geschäftsleitung überprüfen?

Zwei Kriterien spielen für die Beurteilung der Teamplayer die entscheidende Rolle:

1. das Leben und Vorleben der unternehmerischen Werte oder der Führungswerte – die Kultur,

2. das Erreichen der vereinbarten unternehmerischen Ziele.

Abbildung 26 zeigt in Anlehnung an das Vorgehen bei General Electric die beiden Kriterien in einer Matrix-Dartellung – dem Leadership-Portfolio. Das Leadership-Portfolio ist eine Vier-Felder-Matrix, in der auf der Senkrechten die vereinbarten Ziele und auf der Waagrechten die Führungswerte aufgetragen sind.

Erfolgreiches Führen mit Werten
- Nur die Besten sind gut genug
- Im Zweifel nein!
- Das Bild der Führungskraft im eigenen Herzen beobachten
- Leadership beginnt, wo der Konsens aufhört

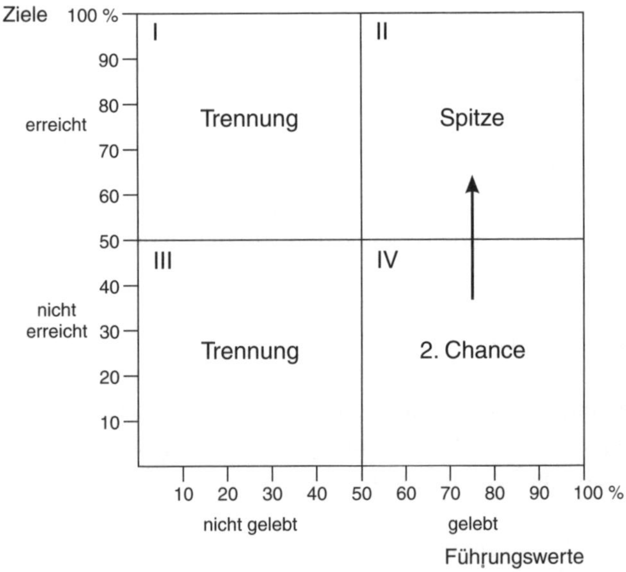

Abb. 26: Die Beurteilung der obersten Führungskräfte (in Anlehnung an GE)

Jede Unternehmung muss die Führungswerte schriftlich festhalten. Beispiele hierfür sind:

- *Unternehmerisches Verhalten:*
  In welchem Ausmaß hat er oder sie die Fähigkeit, Bereitschaft und den Willen, neue Möglichkeiten zu erschließen, neue Märkte zu „erfinden“ oder die Spielregeln in bestehenden Märkten oder im Umfeld der Unternehmung zu verändern?

- *Empowerment:*
  In welchem Ausmaß kann er oder sie Mitarbeiter inspirieren und in die Lage versetzen, Spitzenleistungen zu erbringen und die vereinbarten Ziele kreativ und innovativ zu erreichen?

- *Ethische Einstellung:*
  Wie ausgeprägt sind seine oder ihre innere Einstellung und seine oder ihre Loyalität und Integrität, die jede für Mensch, Umwelt und Unternehmung schädliche Aktion verbieten?

- *Durchhaltevermögen:*
  In welchem Umfang ist er oder sie fähig und bereit, eine Aufgabe konsequent durchzudenken und durchzuziehen sowie aus Niederlagen zu lernen?

- *Soziale Kompetenz:*
  Inwieweit verfügt er oder sie über Einfühlungsvermögen, Ausgeglichenheit, Motivations- und Konfliktfähigkeit, Kommunikationsfähigkeit sowie über die Bereitschaft, technisches Wissen und Führungsverhalten laufend zu verbessern?

- *Intellektuelle Kompetenz:*
  Wie ausgeprägt sind analytisches Denken, Helikopterfähigkeit, Denken in Netzwerken, strategische Orientierung sowie Prioritätenorientierung?

- *Mut:*
  Inwieweit ist er oder sie fähig und bereit, das zu tun, was schwierig erscheint, und in Situationen Entscheidungen herbeizuführen, wo der Konsens aufhört?

- *Teamfähigkeit:*
  Greift die Führungskraft in Diskussionen Beiträge anderer auf und entwickelt sie sie weiter, schlägt sie akzeptanzfähige Kompromisse vor, integriert sie Fraktionen und werden ihre Argumente von anderen anerkannt?

Die oberste Führungskraft muss jeden Teamplayer nach einer 360°-Evaluierung in Bezug auf die beispielhaft angeführten Führungswerte auf einer Skala von 1 (ungenügend) bis 100 (sehr gut) beurteilen und ihm einen Punktewert zuordnen. Die Punktewerte werden addiert und durch die Anzahl der Führungswerte geteilt. Das Ergebnis wird in die Matrix eingetragen.

Das gleiche Verfahren wird bei den drei bis fünf prioritären Jahreszielen angewandt, die ebenfalls für jeden Teamplayer von 1 bis 100 bewertet und durch die Anzahl der Jahresziele dividiert werden. Das Ergebnis wird in die Matrix eingetragen.

Im Schnittpunkt der Eintragungen ergibt sich die Ist-Situation des betreffenden Teamplayers:

- Führungskräfte vom Typ II (rechts oben im Leadership-Portfolio) sind Spitze; sie führen die Unternehmung wertsteigernd in die Zukunft;

- Führungskräfte vom Typ III (links unten) sind ungeeignet; eine sofortige Trennung ist notwendig;

- Führungskräfte vom Typ IV (rechts unten) leben die Führungswerte vor, haben jedoch die vereinbarten Ziele nicht erreicht. Es ist Aufgabe der Führenden, (1) herauszufinden, warum die Ziele nicht erreicht wurden und (2) die Rahmenbedingungen zu schaffen, damit die Ziele erreicht werden. Die Mitarbeiter erhalten eine zweite Chance.

- Führungskräfte vom Typ I (links oben) haben die vereinbarten Ziele erreicht, teilen und leben jedoch nicht die Führungswerte der Unternehmung. Selbst wenn der Teamplayer die Ziele überschritten hat, muss er oder sie entlassen werden, wenn die Zukunft der Unternehmung gesichert sein soll. Diese Entscheidung fällt schwer – der Grund ist: Es ist leichter, Ergebnisse zu verbessern, als Verhaltensweisen zu ändern, die sich mittel- bis langfristig negativ auf die Wertsteigerung der Unternehmung auswirken.

Die strategische Architektur

Sei allezeit ein anhebender Mensch.
Meister Eckhart

Zu Leadership gehören auch die Entwicklung, Gestaltung und Implementierung von Organisationssystemen im Sinne von fördernden Rahmenbedingungen für unternehmerisches Denken und Handeln aller Unternehmungsmitglieder. Das Organisationssystem bestimmt weitgehend, welche unternehmungsinternen und -externen Entwicklungen in welchem Maß von den Unternehmungsmitgliedern wahrgenommen, welche Strategien entwickelt und welche Maßnahmen umgesetzt werden.

Das implizite Wissen, das in den Köpfen der Unternehmungsmitglieder verankert ist, lässt sich innerhalb von Prozessen schneller, einfacher und wirksamer übertragen als zwischen Abteilungen, Verantwortungsebenen und regionalen Einheiten. Die Schwierigkeit besteht darin, in den Köpfen und Herzen der Mitarbeiter und Führungskräfte eine Umorientierung vom „Denken in Königreichen" zum „Denken in Prozessen" herbeizuführen (Abb. 27).

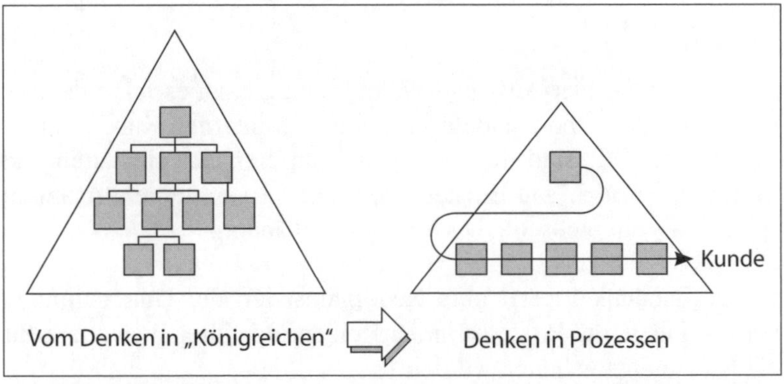

Abb. 27: Vom Denken in „Königreichen" zum Denken in Prozessen

In der Praxis operieren Abteilungen häufig als kleine „Königreiche", ohne sich darum zu kümmern, was in anderen Bereichen vor sich geht. Das Problem einer jeden Unternehmung besteht darin, die Barrieren aufzubrechen, die zwischen den Individuen, Abteilungen, hierarchischen Ebenen und regionalen Einheiten bestehen, und das Organisationssystem als Ganzes durchlässiger und damit lernfähiger zu gestalten. Das Denken und Handeln in abteilungs- und hierarchieübergreifenden Prozessen ist auf die Zufriedenstellung der Kunden gerichtet. Abbildung 28 zeigt ein Beispiel für einen Geschäftsprozess.

Das Ziel ist, die Führungskräfte und Mitarbeiter zu bewegen, sich im Umgang miteinander wie *Kunden* zu verhalten. Das Ideal wäre folgende Einstellung:

- Wenn wir anderen in der Unternehmung schaden, verletzen wir uns selbst.

- Wenn wir uns in die Lage der anderen Führungskräfte und Mitarbeiter hineinversetzen, helfen wir uns selbst.

- Wenn jeder Einzelne dazu beiträgt, die Kunden zufrieden zu stellen, vielleicht sogar zu begeistern, erhöht er die Sicherheit seines Arbeitsplatzes.

Auch bei intensiver Aus- und Weiterbildung kann es Jahre dauern, bis das Denken und Handeln im Sinne von internen Kunden praktiziert wird. Wir sind die Gefangenen unserer Gewohnheiten und Erfahrungen oder, wie Einstein sagt: „Es ist leichter, ein Atom zu spalten, als ein menschliches Verhalten zu ändern."

Dieses Umdenken setzt eine Neuorganisation der Unternehmung voraus, indem die Prozesse in der Reihenfolge ihrer Bedeutung für die Kunden festgehalten werden.

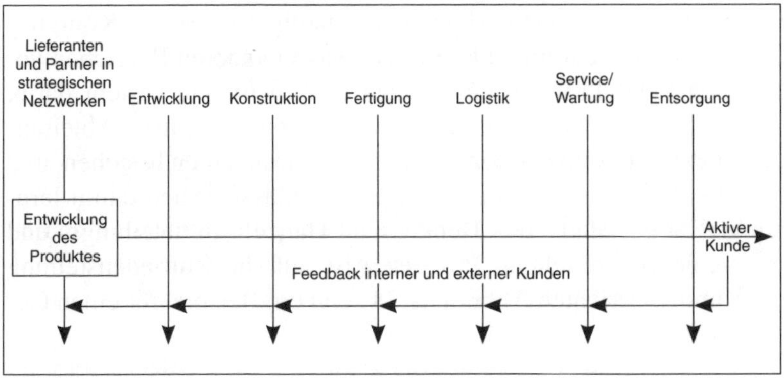

Abb. 28: Beispiel eines Geschäftsprozesses

Gegeneinander oder miteinander – das ist die Frage

> Wer etwas verurteilt, muss etwas anderes haben, das er an seine Stelle setzen kann.
> *Mo-Ti*

Bei *jedem* Prozess sind die folgenden Fragen zu stellen:

1. Welcher konkrete Kundennutzen bzw. Mehrwert für den Kunden resultiert aus dieser Aufgabe?

2. Ist diese Aufgabe rentabler zu bewerkstelligen (Automatisierung, Vereinfachung), ohne dass der Kundennutzen bzw. Vorteil beeinträchtigt wird?

3. Kann auf die Aufgabe eventuell verzichtet werden, ohne dass ein Nachteil für den Kunden entsteht?

4. Welche wesentlichen Kundenanforderungen sind im gegenwärtigen Wertschöpfungsprozess noch nicht berücksichtigt und müssen zusätzlich integriert werden?

5. Ist die bürokratische Arbeit notwendig oder sogar überflüssig?

6. Wie kann der Kunde in den Wertschöpfungsprozess integriert werden, damit alle Mitarbeiter einen direkten Kundenkontakt bekommen und spüren, für wen sie überhaupt arbeiten?

7. Wie lassen sich Lieferanten und Partner in strategischen Netzwerken in den Wertschöpfungsprozess einbinden?

8. Sind die Prozesse auf die Weiterentwicklung der Kernkompetenzen ausgerichtet?

9. Wer ist für den Prozess verantwortlich?

10. Wie erfolgt das Feedback der internen und externen Kunden? Organisation ist nicht die Kontrolle interner Abläufe und Geschäftsprozesse, sondern die Herstellung von Kundenzufriedenheit.

Die Prozesse können in dem Maße beschleunigt werden, wie die Führungskräfte die gewünschte positive Einstellung und Qualifikation besitzen. Wenn sie nicht die Führungswerte leben und vorleben, müssen sie ausgewechselt werden.

Vom Umgang mit den Mitarbeitern, mit dem Vorgesetzten, mit dem System und mit sich selbst

Wir müssen ein Umfeld schaffen, in dem
die Menschen es wagen, neue Wege zu gehen.
Jack Welch

Die Leadership-Aufgaben betreffen:

- die Auswahl der Mitarbeiter
- die Motivation der Mitarbeiter
- die Veränderung oder Entlassung der Mitarbeiter
- den Umgang mit dem Vorgesetzten
- den Umgang mit dem System
- den Umgang mit sich selbst
- das Lösen von Konflikten

Die Auswahl der Mitarbeiter

Den Wert eines Menschen und
eines Diamanten erkennt man,
wenn man sie aus der Fassung bringt.
Indisches Sprichwort

Eine der wichtigsten Leadership-Aufgaben ist die Auswahl der Mitarbeiter. Kundenzufriedenheit lässt sich nur erreichen, wenn die Mitarbeiter untereinander reibungslos und partnerschaftlich zusammenarbeiten, in Geschäftsprozessen denken sowie den Sinn und Nutzen ihrer Zusammenarbeit kennen. Zufriedene Mitarbeiter bewirken Qualität und Kundenbindung und führen dadurch zur nachhaltigen Wertsteigerung der Unternehmung.

Eine knappe, funktionsorientierte Arbeitsplatzbeschreibung dient der Festlegung der

- Verantwortungsbereiche,
- Kompetenzen,
- Leistungskriterien und
- Aufgaben.

Wichtige Fragen, die in keinem Selektions- oder Fördergespräch fehlen sollten:

1. Würden Sie Ihrem besten Freund die Produkte der Unternehmung vorbehaltlos und ohne schlechtes Gewissen anbieten?

2. Wissen Sie, welche Basis-, Leistungs- und Begeisterungsanforderungen die Kunden an die Unternehmung stellen?
   Wenn ja, welche?

3. Können Sie den Preis Ihrer Produkte und Dienstleistungen erklären, ohne sich rechtfertigen oder verteidigen zu müssen?
   Wenn ja, wie?

4. Betrachten Sie Ihre Kollegen und Mitarbeiter als interne Kunden?

5. Haben Sie das Gefühl, heute für Ihre Kunden und nicht für Ihren Vorgesetzten gearbeitet zu haben?

6. Unterbrechen Sie für einen Kunden Ihre aktuelle Arbeit, auch wenn Sie diese für wichtig halten?
   Stellen Sie für ihn Ihre eigenen Interessen zurück?

7. Wissen Sie, dass der Kunde Ihr Gehalt bezahlt?

In der Selektion ist es gescheiter, dem Kandidaten in die Augen zu schauen als in seine Zeugnisse. Im Zweifel muss die Antwort NEIN lauten.

Die Motivation der Mitarbeiter

> Prüfe, ob sie selbst nach ihren Worten leben, ehe du ihnen folgst.
> *Konfuzius*

Die Motivation der Mitarbeiter setzt eine entsprechende *Kommunikation* und einen entsprechenden *Umgang* mit diesen voraus. Die Führenden haben die Pflicht, den Mitarbeitern einen Ausschnitt aus den eigenen strategischen Absichten und Gedankengängen zu geben; dadurch fordern sie ihre Mitarbeiter zur *geistigen Mitarbeit* auf. Diese Methode setzt eine hohe strategische und operative Kompetenz sowohl der Führenden als auch der Mitarbeiter voraus. Das Ziel ist, die Mitarbeiter zu der sich in richtigen Grenzen entfaltenden *Selbsttätigkeit* und Mitverantwortung zu erziehen.

Die Führenden müssen den Dingen sogar oft ihren Lauf lassen, um feststellen zu können,

- ob der eingeräumte Handlungsspielraum von den Mitarbeitern nicht zur Willkür missbraucht wird, oder
- inwieweit die Mitarbeiter die vereinbarten Ziele weiterentwickeln und ergänzen und ihren Handlungsspielraum im Interesse der Unternehmung nutzen.

Motivieren heißt:

- Mit den Mitarbeitern konkrete, realisierbare Ziele vereinbaren, die jederzeit mess- und kontrollierbar sind.

- Dem Ziel einen Sinn verleihen („warum“ und „wozu“).

- Mit dem Ziel den notwendigen Rahmen – Unterstützung durch andere Abteilungen, Zeitspanne, Budget – vereinbaren, um dem Mitarbeiter das notwendige „Spielfeld“ zu geben, damit er kreativ an die Aufgabe herangehen kann.

- Dem Mitarbeiter die Realisierung überlassen, ohne Wege und Mittel vorzugeben.

- Bei guter Leistung und Anstrengung, nicht nur gutem Resultat, Anerkennung und Lob aussprechen, Augenkontakt, Händedruck, aktives Zuhören, *ehrliches* Interesse zeigen – nicht danken, sondern loben.

Bei einem Teamerfolg soll die Gruppe und nie ein einzelnes Teammitglied gelobt werden, damit der „Teamgeist“ nicht zerstört wird.

Um motivierend zu wirken, sollte jedes Gespräch – sowohl das Einzel- als auch das Gruppengespräch – *schriftlich* festgehalten werden und das Protokoll immer in gleicher Reihenfolge folgende Themen enthalten:

1. Das Thema
2. Die Zielvereinbarung
3. Der Sinn
4. Die Rahmenbedingungen
5. Zuständig wer und bis wann

Es kann viel Zeit gespart werden, wenn die Ergebnisse schriftlich vorbereitet, dann jedoch in einer festgesetzten Zeit mündlich vorgetragen werden; auf diese Weise können Entscheidungen rasch gefasst und weitere Schritte sofort entschieden werden. All das kann dann schriftlich nach obigem Schema festgehalten werden.

Die Leadership-Aufgabe besteht letzten Endes darin, den Mitarbeitern zu helfen, sich selbst zu motivieren. Je mehr Werte, Normen und Ziele gelebt und vorgelebt werden, desto größer ist das Engagement der Mitarbeiter für die Unternehmung.

Mitarbeiter verändern oder entlassen?

Faules Holz kann man nicht schnitzen,
eine Wand aus schlechtem Lehm kann
man nicht verputzen. Was würden meine
Ermahnungen da noch nützen?
Konfuzius

Dieses Thema ist eine der wichtigsten und schwierigsten Leadership-Aufgaben.

Jede Unternehmung hat Führungskräfte und Mitarbeiter, die ihre Aufgaben aus irgendwelchen Gründen nicht oder nur teilweise erfüllen, Mitarbeiter, die fachlich ausgezeichnet sind, jedoch die Kultur der Unternehmung nicht leben wollen oder können.

Die meisten Unternehmungen scheitern früher oder später, wenn solche Mitarbeiter sich im obersten Führungsteam befinden.

Die Führenden haben die Wahl: verändern oder entlassen?

Wenn ich auf die Frage: „Bin ich stolz auf ihn?“ nicht mit einem einwandfreien, 100-prozentigen Ja antworten kann, muss ich *sofort* eine Entscheidung treffen – warum tun wir es jedoch nicht? Weil wir Angst vor der Konsequenz haben!

Ein Mitarbeiter, der seine Aufgabe nicht oder ungenügend erfüllt, ist nicht nur mit *sich unzufrieden,* er verärgert die Kunden, stiftet Unruhe in der Unternehmung und setzt seinen Vorgesetzten laufend unter Stress.

Ist die Antwort kein 100-prozentiges Ja, ist es zweckmäßig, eine Liste mit den negativen Punkten aufzustellen. Die Leadership-Fragen lauten:

- Warum hat er die Ziele nicht erreicht?
- Wie kann *ich* ihm helfen, dass er wieder Spitzenleistungen erbringt und ich stolz auf ihn sein kann?
- Welches sind die konkreten Vorschläge des Mitarbeiters, damit wieder ein 100-prozentiges Vertrauen vorhanden ist?

Lassen die gemeinsam formulierten neuen Ziele – Ausbildung, Unterstützung, Coaching oder Versetzung – die gewünschten Verhaltensänderungen nicht erwarten, ist eine einvernehmliche Trennung sofort in die Wege zu leiten.

Die soziale Verantwortung der Führenden betrifft die nachhaltige Wertsteigerung der Unternehmung als Ganzes und das Schaffen von Werten für die strategischen Stakeholder. Die Führenden haben *nicht* die Verantwortung für *eine* Führungskraft oder *einen* Mitarbeiter. Diese Erkenntnis erleichtert den oft schmerzhaften Prozess der Entlassung von Mitarbeitern.

Umgang mit dem Vorgesetzten

Jeder ist sein eigener Gefängniswärter.
Attar

Auch der Vorgesetzte ist *nur* ein Mensch, sehr oft einsam, allein gelassen in großen und wichtigen Entscheidungen. Somit ist es wichtig, dass seine direkten Mitarbeiter und sein Führungsteam ihm ihre volle, ehrliche Unterstützung geben.

So gut das Team ist, so gut läuft die Unternehmung: „Wenn der Fisch am Kopf nicht stinkt, ist er essbar und schmackhaft!"

Für den Umgang mit dem Vorgesetzten ist das folgende Vorgehen zweckmäßig:

1. Sämtliche Zielsetzungen für das kommende Jahr festhalten (Zielvereinbarung).

   Ein konkretes Ziel muss
   - messbar,
   - kontrollierbar (Zwischenziele oder Teilziele),
   - planbar für den Endtermin,
   - realistisch und doch herausfordernd sowie
   - sinnvoll

   sein.

2. Spielregeln vereinbaren und Messkriterien definieren.

3. Festhalten der Kontrolltermine sowie sämtlicher Themen, die sich bei jedem Kontrolltermin wiederholen.

4. Erstellung einer flexiblen Informationsliste für den Vorgesetzten.

Die *Information* an den Vorgesetzten muss effizient und weiterführend sein. In der Vorbereitung sollen folgende Fragen beantwortet werden:

1. Welchen Inhalt soll sie haben? (Nie mehr als eine Seite!)

2. Welche *Form* ist die übersichtlichste?

3. Welchen *Sinn* gibt die Information dem Empfänger?

4. Was will der Empfänger mit der Information *kontrollieren?*

5. Welchen *„weiterführenden Gedanken"* gibt die Information der Unternehmung?

Der weiterführende Gedanke ist *pro-aktiv,* wenn er in die Zukunft gerichtet ist; er ist reaktiv, wenn er lediglich eine Nachricht oder Mitteilung enthält. Im Umgang mit dem Vorgesetzten geht es darum, den Mitarbeitern zu helfen, ihre Wirkung nach oben zu verbessern und eine Vertrauensbasis aufzubauen. In einem „Fördergespräch" muss die angestrebte Soll-Situation diskutiert werden, wie sie mit Bezug auf die – vergangenheitsbestimmte – Ist-Situation machbar erscheint. Durch die effiziente Führung dieser Fördergespräche haben sowohl der Vorgesetzte als auch der Mitarbeiter mehr Zeit.

Umgang mit dem System

Gehe mit dem um,
von dem du lernen kannst.
Baltasar Gracián

Leadership heißt, stets das Große und Ganze der Unternehmung und ihres Umfeldes – das „System“ – im Auge behalten, ohne dabei die Einzelheiten zu vernachlässigen oder zu missachten. Die Führenden müssen deshalb den strategischen Stakeholdern ihre Aufmerksamkeit schenken: den Kunden, den Mitarbeitern, den Anteilseignern und der „financial community“, der Presse, der repräsentativen Öffentlichkeit, den Behörden, den Lieferanten, den Partnerunternehmungen in strategischen Netzwerken; sie müssen auch Kontakte zu Kollegen und zu Konkurrenten pflegen. Dazu ist viel Zeit und Energie notwendig. Aus diesem Grunde muss der Führende lernen, Aufgaben und Verantwortungen, die nicht in seinen Bereich gehören, zu delegieren. „Wer selber mitarbeitet, verliert die Übersicht!“ Führende müssen oft Nein sagen können und Aufgaben, die andere gleich gut ausführen können, an die Mitarbeiter *effizient* delegieren. Sie tragen die Verantwortung für das gesamte System, das die Stakeholder mit einschließt und ihnen Nutzen und Werte bieten muss. Deshalb lohnt sich der Versuch, wichtige Stakeholder zu einer persönlichen Besprechung in die Unternehmung einzuladen, um nicht vom „System“ dominiert zu werden. Leadership heißt, nicht *zu* oft, aber doch oft *genug* bei den wichtigsten Stakeholdern erscheinen, um stets über alles Wichtige genau und pro-aktiv unterrichtet zu sein; es heißt aktiv zuzuhören, sich selbst immer wieder in Frage zu stellen, Anregungen zu geben und Innovationen zu fördern.

Die folgenden Leadership-Fragen erleichtern den Umgang mit dem „System“:

- Dominiert das „System“ uns oder dominieren wir das „System“?
- Bei jedem System-Input (Anrufe von Kunden, Behörden usw.): „Betrifft es meinen Verantwortungsbereich?“ Führende fragen zuerst *immer* nach dem *Ziel.*
- Bestimme ich die Tagesordnung eines Meetings?
- Bin ich gefragt, oder frage ich?

Wichtig ist, effizient *Nein* zu sagen. Das lässt sich in vier Schritten machen:

1. *Zuhören.* Interesse und Verständnis für die Bitte zeigen.
2. Dann sofort *„Nein“* sagen, damit keine falschen Hoffnungen entstehen.
3. Die Gründe angeben, um die ablehnende Haltung verständlich zu machen (vergoldetes „Nein“).
4. Wenn möglich Alternativen gemeinsam erarbeiten, um das Vertrauen zu rechtfertigen.

Umgang mit sich selbst

Man erzieht durch das, was man sagt,
mehr noch durch das, was man tut,
am meisten aber durch das, was man ist.
Ignatius von Antiochien

Stress bedeutet die gedankliche Belastung durch unerledigte Aufgaben und nicht gefällte Entscheidungen. Am Abend nach einem arbeitsreichen Tag nach Hause zu gehen mit dem Gefühl, nichts geleistet zu haben, keine Aufgabe zu Ende geführt, eine anstehende Entscheidung nicht gefällt zu haben, verfolgt uns die ganze Nacht. Aus diesem Grunde ist es wichtig, im Leadership-Tagesplan auf folgende Fragen eine Antwort zu geben:

1. *Tagesplan*/Meine tägliche Vorbereitung

   - Welche prioritäre Aufgabe will ich heute erledigen?

   - Welcher prioritären Entscheidung will ich heute entgegengehen?

   - Welchen Mitarbeiter will ich heute zu einem Erfolgserlebnis führen?

2. *Vorbereitung und Arbeitsweise*/Umgang mit mir selbst

   - Alles schriftlich vorbereiten: Thema – Sinn – Wunschziel – Rahmenvorschlag

   - Das A4-Syndrom, eine Seite, ein Bild sagt mehr als tausend Worte

   Sich ab und zu die Frage stellen: „Was würden meine Erben damit tun?"

- Papierkorb als bester Mitarbeiter

- Nur eine Sache auf meinem Schreibtisch, um nicht abgelenkt zu werden

- Ich nehme eine *Information* nur einmal in die Hand und entscheide:

Um was handelt es sich?	*THEMA*
Was soll damit erreicht werden?	*ZIEL*
Mit welchem Resultat?	*RESULTAT*
Welche Werte werden wir (ich oder die Unternehmung) damit schaffen?	*WERTE*
Ist der Zeitaufwand mit den Werten vereinbar?	*ZEITAUFWAND*

Daraus ergeben sich die folgenden Alternativen:

- WEGWERFEN oder
  → Papierkorb

- DELEGIEREN oder
  → SINN + ZIEL + RAHMENBEDINGUNGEN

- SELBER ERLEDIGEN oder/und
  → SINN + ZIEL + RAHMENBEDINGUNGEN

- WEN INFORMIEREN? oder/und
  → ZIEL/IN-BEWEGUNG-SETZEN
  → „WEITERFÜHRENDER GEDANKE“
  → VERÄNDERUNGS-INPUT

- ABLAGE

Konflikte lösen

Wenn nichts geopfert wird,
wird nichts erreicht.
G. I. Gurdjieff

Konflikte gehören zum Leben und verlangen von uns eine *positive* Einstellung. Ein Konflikt bezieht sich immer auf eine Tatsache, die sich in der *Vergangenheit* abgespielt hat. Wir können ihn nur in der *Zukunft* lösen, und zwar *sachbezogen.* Das heißt, dass wir aus der Vergangenheit in die Zukunft denken müssen.

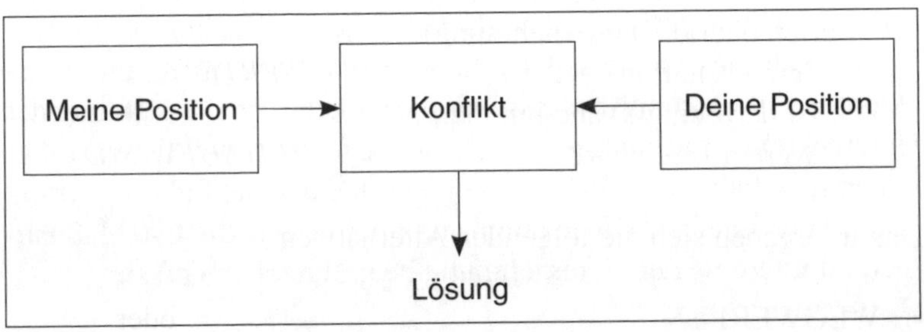

Abb. 29: Konflikte lösen

Nicht nur auf *Positionen* beharren, sondern jeder antwortet auf *vier* Fragen, die die Position betreffen und das, was hinter der Position aus eigener Sicht und aus der Sicht der anderen zu erkennen ist:

- Welches sind die unternehmerischen *Werte?*
- Welches sind die unternehmerischen *Ziele?*
- Welches sind die unternehmerischen *Interessen?*
- Wie können wir gemeinsam den *Konflikt lösen?*

Wir wollen gemeinsam eine *Win-Win*-Situation schaffen.

Führende als Repräsentanten der Unternehmung sowie als Erzieher und Mentoren der Mitarbeiter

Wir haben nicht wenig Zeit,
wir haben viel vergeudet.
Seneca

Unternehmer und oberste Führungskräfte vertreten die Unternehmung nach außen. Aufgrund der zunehmenden Verflechtung von gesellschaftlichen, politischen, wirtschaftlichen und technischen Angelegenheiten müssen sie sogar *„Außenpolitik"* betreiben, um in den externen Entwicklungsprozess, der die strategische Ausrichtung der Unternehmung nachhaltig beeinflussen kann, so pro-aktiv wie möglich eingeschaltet zu sein. Unternehmer und oberste Führungskräfte können den Lauf der Dinge durch antizipative und kreative Maßnahmen im Interesse der Unternehmung beeinflussen, wenn sie:

- den Kontakt mit den Verantwortlichen in Politik und Wirtschaft suchen,
- die Zusammenarbeit mit Universitäten, relevanten Institutionen und kreativen Personen pflegen,
- im direkten Erfahrungsaustausch mit anderen Unternehmern die eigene Position definieren und zur Geltung bringen,
- Kooperationsmöglichkeiten ergründen,
- mit anderen Worten als Repräsentanten der Unternehmung deren berechtigte Interessen vertreten.

Unternehmer und oberste Führungskräfte sind darüber hinaus die *Erzieher* und *Mentoren ihrer Mitarbeiter.* Sie haben sogar die Pflicht, als Erzieher und Mentoren pro-aktiv tätig zu werden. Dies gelingt, wenn sie jede Begegnung mit den Mitarbeitern und jedes Meeting benutzen, um persönliche Erfahrungen im Umgang mit Strategic Issues, im Erschließen neuer Möglichkeiten und im kreativen Lösen von Problemen, in der Bewältigung von schlecht vorhergesehenen Risiken und dergleichen mehr ihren Mitarbeitern anschaulich und nachvollziehbar vorzustellen. Wenn wir gute Beispiele vorstellen, werden wir Nachahmer finden.

Beide Rollen – die Vertretung der Unternehmung nach außen und die Erziehung der Mitarbeiter zu strategischer Einsicht – sind nicht delegierbar. Je wirksamer die Unternehmer und obersten Führungskräfte die beiden Rollen erfüllen, desto schneller bewegt sich die Unternehmung in Richtung einer *Leadership Company.* Die *Leadership Company* ist die Unternehmung, deren Kernkompetenz die Entwicklung der Leadership-Fähigkeiten der Führungskräfte und Mitarbeiter auf allen Verantwortungsebenen ist. Leadership ist der entscheidende und nicht oder nur sehr schwer zu imitierende Wettbewerbsvorteil unserer Zeit. Das Wissen vermehrt sich bekanntlich umso stärker, je größer die Zahl derer ist, die wir daran teilnehmen lassen.

Weiterführende Literatur

BUCKINGHAM, M. u. COFFMAN, C.: First, Break All the Rules. New York 1999.

DEPREE, M.: Leading Without Power: Finding Hope in Serving Community. San Francisco 1997.

FERGUSON, P. R. u. FERGUSON, G. J.: Organisations. A Strategic Perspective. London 2000.

GARDNER, H. u. LASKIN, E.: Leading Minds. An Anatomy of Leadership. London 1996.

HABERBERG, A. u. RIEPLE, A.: The Strategic Management of Organisations. Harlow 2001.

HINTERHUBER. H. H.: Leadership. Strategisches Denken systematisch schulen von Sokrates bis Jack Welch. 4. Aufl., Frankfurt am Main 2005.

KETS DE VRIES, M.: Life and Death in the Executive Fast Lane. San Francisco 1995.

NONAKA, I. u. TAKEUCHI, H.: The Knowledge – Creating Company. Oxford 1995.

RENZ, B.: Wissensbasierte Interaktion – Selbstevolvierende Wissensströme in Unternehmen. Wiesbaden 2003.

SCHWARTZ, B.: The Paradox of Choice: Why More is Less. New York 2004.

SENGE, P. M.: The Fifth Discipline: The Art and Practice of the Learning Organization. New York 1994.

SULLIVAN, G. R. u. HARPER, M. V.: Hope is not a Method. New York 1997.

WELCH, J. R. u. BYRNE, J. A.: Straight from the Gut. New York 2001.

10. Leadership-Verantwortung: Strategien/Erfolgscontrolling

Die Strategie ist die Fortbildung
des ursprünglich leitenden Gedankens
entsprechend den stets sich ändernden
Verhältnissen.
Moltke

Definition

- Die Strategie ist der Weg von der Kernkompetenz zum Kernauftrag der Unternehmung.
- Sie leitet die Entscheidungen ein über die Entwicklung der Kernkompetenzen und Kernprodukte/Kerndienstleistungen mit der Frage: „Wie mache ich meine Kunden noch erfolgreicher, wobei ich Werte auch für die anderen strategischen Stakeholder schaffe?“

Ziele

Das Ziel der Strategie ist die Marktführerherrschaft in allen Geschäftsfeldern, in denen die Unternehmung tätig ist oder sein will. Denkart: Nicht wir sind die Besten, die Nr. 1, sondern wir helfen unseren Kunden, die Besten zu werden.

Was versteht man unter Strategie?

> Die Strategie ist nichts weiter als die Anwendung des gesunden Menschenverstandes, und der lässt sich nicht lehren.
> *Moltke*

Kurzlebig in der Führung der Unternehmung ist der strategische Plan, der auf Prognosen beruht; jeder strategische Plan ist bereits im Augenblick seiner Verabschiedung überholt. Von Dauer dagegen ist die Strategie als „System der Aushilfen" (Moltke), d. h. als Antizipation, Herausfinden und Erfüllen der häufig nicht artikulierten Bedürfnisse der Kunden, aber auch der anderen Stakeholder, Schnelligkeit in der Nutzung von neuen, nicht vorhergesehenen Möglichkeiten und als Abwehr von unerwarteten, weil schlecht kalkulierten Risiken.

Die *Strategie* ist nicht Improvisation, sie ist auch kein Aktionsplan, sondern, wie Moltke sagt, „die Fortbildung des ursprünglich leitenden Gedankens entsprechend den stets sich ändernden Verhältnissen". Der „ursprünglich leitende Gedanke" in der Wirtschaft ist eine oder mehrere Kernkompetenzen, in denen es die Unternehmung zur Meisterschaft gebracht hat und die laufend weiterentwickelt werden müssen. Eine Strategie ohne leitenden Gedanken ist wie ein Mann ohne Charakter. Der leitende Gedanke von Nicolas G. Hayek war, mit Hilfe von Prozessautomatisierung, Design, einem kreativen Marketing und einem entsprechenden Informationssystem – den Kernkompetenzen von SWATCH – eine Uhr zu schaffen, die eine ganz präzise Botschaft (Innovation, Spaß, Spitzenqualität) vermittelt und vom Hilfsarbeiter bis zum Generaldirektor getragen werden kann.

Das *Ziel* der Strategie ist, die Kunden besser und/oder schneller zufrieden zu stellen, als dies die Konkurrenten zu tun in der Lage sind, und dadurch die Nr. 1 in jedem Marktsegment zu sein, in dem die Unternehmung operiert oder operieren will. Dabei muss die Unternehmung ihre Kapitalkosten verdienen.

Mit der Strategie müssen die Führenden zwei gegenläufige Anforderungen verbinden:

1. eine Vielzahl von Entscheidungen, die an verschiedenen Orten, zu verschiedenen Zeiten und von verschiedenen Personen getroffen werden, auf eine bestimmte Zielposition ausrichten, die Optionen offen lässt und von der nach Wegfallen bestimmter Unsicherheitselemente weitere Entscheidungen getroffen werden können, und

2. allen Entscheidungsträgern den größtmöglichen Spielraum für die Berücksichtigung der laufend neuen Elemente lassen.

Mit Hilfe der Strategie sichern sich die Führenden in einer Welt in raschem Wandel:

1. die notwendige unternehmerische Flexibilität und

2. gleichzeitig die langfristige Ausrichtung aller Entscheidungen an der Zufriedenstellung der Kunden, aber auch der anderen strategischen Stakeholder.

Strategie ist Handeln unter großen Gesichtspunkten bei *gleichzeitigem* Hervorbringen kurzfristiger Ergebnisse. Sie ist die situationsspezifische Abstimmung zwischen Ziel, Ressourcen und deren Einsatz.

Die drei Arten von Strategien

Sind wir glücklich in der Hauptsache,
so sind wir es auch in den Nebendingen.
Scharnhorst

Es gibt drei Arten von Strategien:

1. *Vorwärts: Offensiv- und/oder Investitions-/Wachstumsstrategien,* mit denen die Unternehmung in Zukunft eine führende Marktposition einnehmen und ihren Wert mittel- und langfristig nachhaltig erhöhen will,

2. *Halten: Defensivstrategien,* die auf die nachhaltige Verteidigung *bestehender* führender Wettbewerbspositionen und somit auf das Halten bestehender Gewinnpotentiale gerichtet sind, und

3. *Rückwärts: Desinvestitionsstrategien,* wenn die Geschäftseinheiten, Produkte oder Dienstleistungen weder zur gegenwärtigen noch zur zukünftigen Wertsteigerung beitragen, keine Kernkompetenzen nutzen und deshalb aufgelassen werden müssen. Der Rückzug kann strategisch oder taktisch sein. Beim *strategischen Rückzug* gibt die Unternehmung bestimmte Geschäftseinheiten oder Produktlinien auf, um mit den freigesetzten Ressourcen neue, wertsteigernde Marktsegmente zu erschließen. Der *taktische Rückzug* baut nichts Neues auf und bringt nur Zeitgewinn. Wird der Zeitgewinn nicht genutzt, führt der taktische Rückzug zum Untergang der Unternehmung.

In der Strategie führt oft der Umweg am schnellsten zum Ziel; die indirekte Strategie – Eingehen einer Allianz, Vergabe bestimmter Stufen der Wertschöpfung an Dritte, Vermittlung eines Kauferlebnisses – ist in der Regel wirksamer als die direkte Strategie: ein Preiskampf, die Eigenfertigung, die direkte Aufforderung zum Kauf.

Verallgemeinerungen erfolgreicher Fälle von Strategie zu „Rezepten“ sind jedoch grundsätzlich abzulehnen, denn in der Strategie gibt es kein Schema und keine „Patentlösung“. Es kommt immer darauf an, sich möglichst viele Optionen offen zu halten und doch das eigene Ziel klar und entschlossen zu verfolgen. „Die ganze Schwierigkeit besteht darin“, sagt Clausewitz, „den Grundsätzen, welche man sich gemacht hat, in der Ausführung treu zu bleiben“.

Es ist überhaupt fehlerhaft, sich von vornherein nur auf einen Fall einzurichten, denn die Ergebnisse können anders verlaufen, als man dachte, und es kommt darauf an, sie richtig auszunutzen. Die Leadership-Fragen lauten:

1. Was würde passieren, wenn unsere grundlegenden Annahmen über die Marktmöglichkeiten schlechter als geplant wären?

2. Was würde passieren, wenn die Reaktionen unserer Konkurrenten schlimmer als erwartet wären?

Die Antworten auf *beide* Fragen bestimmen den schlimmsten Fall, der eintreten könnte.

Das Maß für das Erreichbare, die Fähigkeit, „Zufälligkeiten“ in Rechnung zu stellen und Irrtümer zu berichtigen sowie Täuschungen zu erkennen, das Vertrauen in die eigene Einsicht und in die Verantwortungsfreudigkeit der Mitarbeiter, die Entschlossenheit in der Umsetzung – all das lässt sich niemals auf ein Schema zurückführen.

Die unkritische Übernahme nordamerikanischer oder japanischer Erfolgsstrategien kommt einer „Verteidigungstaktik“ gleich. Der entscheidende Nachteil einer „Verteidigungstaktik“ im militärischen Bereich ist, dass eine Schlacht ganz dem Willen des Gegners entsprechend verläuft. Ähnliches gilt in der Wirtschaft. Wir setzen unseren Konkurrenten in der besseren und/oder schnelleren Zufriedenstellung der Kunden nicht unseren unabhängigen Willen entgegen, sondern handeln nach ihren Grundmustern und bleiben damit in geistiger Abhängigkeit von ihnen.

Die Führenden sind nur dann „Herren ihrer Strategien", wenn sie die Kernkompetenzen der Unternehmung so zur Entfaltung bringen, dass sie damit den Nutzen oder die Wettbewerbsfähigkeit ihrer Kunden in einem Maße erhöhen, wie es den Konkurrenten nicht möglich ist.

Die Strategie schafft Handlungsspielraum für die Mitarbeiter

> Die Strategie ist ein System von Aushilfen.
> *Moltke*

Die Strategie ist mit dem von Moltke entwickelten Prinzip der *direktiven Führung* verbunden. Führen mit Direktiven heißt, dass die Unternehmungsleitung den Leitern der strategischen Geschäftseinheiten, der Funktionsbereiche und regionalen Einheiten unter Zuweisung der Ressourcen Richtlinien für selbständig zu treffende Entscheidungen erteilt, die ihrerseits wieder mit den Mitarbeitern Ziele in Einklang mit den Strategien vereinbaren, es dabei aber Letzteren überlassen, wie das vereinbarte Ziel erfüllt wird. Führen mit Direktiven bedeutet somit Vereinbarung von Zielen und Rahmenbedingungen mit den Führungskräften und Mitarbeitern. Da sich die operative Führung heute in großen Dimensionen vollzieht und vor allem unter Bedingungen, die die übergeordnete Ebene überhaupt nicht übersehen kann, ist das Führen mit Direktiven, d.h. durch das Vereinbaren von Zielen und Rahmenbedingungen, für die nachhaltige Wertsteigerung der Unternehmung lebensnotwendig. Die nachgeordneten Bereiche müssen im Rahmen der vereinbarten Ziele und Rahmenbedingungen sowie in Kenntnis der strategischen Absichten der nächsthöheren Ebene die Freiheit des Handelns haben, um im

Sinne der Strategie nicht vorhergesehene Möglichkeiten zu nutzen oder schlecht kalkulierte Risiken abzuwenden. Die Notwendigkeit der Handlungsfreiheit, ja eigentlich die *selbständige Handlungspflicht* der Führungskräfte kennzeichnet die erfolgreiche Unternehmung. Wenn die Unternehmungsleitung das selbständige Handeln aller Führungskräfte in ungeklärten Situationen im Sinne der Ziele und dahinterstehenden Absichten fordert, kann sie nicht umhin, Gedanken- und Handlungsfreiheit zu fordern. Wenn sie den „gesunden Menschenverstand“ zur Grundlage strategischer Entscheidungen macht und Kreativität und Eigeninitiative zur Voraussetzung des Erfolgs erklärt, muss sie mit langen Zügeln führen.

Die Strategie beruht auf einer eigentümlichen Verbindung von zentraler Steuerung und dezentraler Führung, von Leitung und Gewährenlassen auf der Basis einer gemeinsamen Unternehmungskultur. Davon muss die Erziehungsarbeit der Unternehmungsleitung ausgehen. Es kommt darauf an, dass zutreffende Vorstellungen von dem unsystematischen und evolutiven Charakter der Strategie und der strategischen Führung zum Allgemeinbesitz aller Führungskräfte und Mitarbeiter werden. Nur unter dieser Voraussetzung einer lernenden Organisation kann die Strategie überhaupt fruchtbar für die Zufriedenstellung der strategischen Stakeholders und somit für die nachhaltige Wertsteigerung der Unternehmung werden. Die Vereinbarung der Ziele und Rahmenbedingungen, wie in Kapitel 1 dargestellt, ist eine der wichtigsten Leadership-Aufgaben.

Die Unternehmungsleitung muss „Schule“ machen: Schule zur Selbständigkeit und zur Entschlusskraft, zur Verantwortung im Rahmen vereinbarter Ziele und Rahmenbedingungen und nicht zum Schwören auf bestimmte Lehren und Personen.

Entwicklungen vorauszusehen, die dem tatsächlich eintretenden Lauf der Dinge möglichst nahe kommen, abwarten können, Optionen offen halten, Ideen haben und nie um eine Aushilfe verlegen sein, sich in die Lage der anderen versetzen, immer vorbereitet sein und immer

Zeit haben, zum richtigen Zeitpunkt aber rasch und entschlossen handeln, dies ist das Geheimnis erfolgreicher Unternehmer und Führungskräfte.

Die Leadership-Aufgaben

> Man muss dem Zufall seinen Spielraum lassen, weil man ihn nie ganz beherrschen kann; indem man ihn zu beschränken versucht, erweitert man sein Gebiet.
> *Scharnhorst*

Die nicht-delegierbaren Aufgaben im Bereich der Strategie sind:

1. Die Verabschiedung und Überwachung der Strategien der strategischen Geschäftseinheiten (Geschäftsfelder, geschäftsführende Einheiten); diese beziehen sich auf relativ autonome Produkte oder Dienstleistungen; die Strategien werden von den dafür verantwortlichen Linienführungskräften entwickelt,

2. die Formulierung und Überwachung der Gesamtstrategie der Unternehmung; diese ist die Integration und Koordination der Strategien der Geschäftseinheiten.

Auf der Ebene der strategischen Geschäftseinheiten müssen die Führenden die folgenden Fragen stellen:

1. Wie ist, weltweit gesehen, die Wettbewerbsdynamik heute, und was kommt in den nächsten Jahren auf die strategische Geschäftseinheit zu?

2. Welche Aktionen haben die Konkurrenten in den vergangenen Jahren durchgeführt, um diese Wettbewerbsdynamik zu bewältigen?

3. Was haben die für die Geschäftseinheit verantwortlichen Führungskräfte angesichts dieser Wettbewerbsdynamik getan?

4. Welche sind die für die Geschäftseinheit nachteiligsten Aktionen, die die Konkurrenten in den nächsten Jahren ausführen könnten, um die Wettbewerbsdynamik zu ihren Gunsten zu beeinflussen?

5. Welche Maßnahmen sind am wirksamsten, die die Geschäftseinheit ausführen muss, um ihren Wert nachhaltig zu steigern?

6. Welches Gewinn- und Wachstumspotential enthält das Marktsegment, in dem die Geschäftseinheit tätig ist?

7. Wie hoch ist die Wertsteigerung der Geschäftseinheit?

8. Wie sieht das Cash-flow-Profil der Geschäftseinheit aus?

9. Lohnt es sich, in Zukunft in diesem Marktsegment weiter tätig zu sein?

Auf Unternehmungsebene lauten die zentralen Fragen:

1. Wie lässt sich die Wertsteigerung der Unternehmung in einer mittel- bis langfristigen Perspektive durch Akquisitionen, Desinvestitionen und/oder Kooperationen steigern?

2. Ist das Risiko, das die Unternehmung insgesamt eingeht, tragbar?

3. Werden Synergieeffekte genutzt und Kernkompetenzen im Interesse der Gesamtunternehmung aufgebaut und weiterentwickelt?

4. Schafft die Zentrale Werte oder zerstört sie Werte?

5. Kann die Zentrale „schlanker“ gestaltet werden, sodass die Geschäftseinheiten von der Last der Gemeinkosten befreit werden können und der Rest der Unternehmung kompakter und homogener in Bezug auf die Kernkompetenzen ist?

6. Welchen Beitrag leistet die Zentrale im Hinblick auf die Entwicklung und Nutzung der Kernkompetenzen der Unternehmung?

7. Wie sieht das strategische Controllingsystem aus?

Wie formuliert man eine Strategie?

Manche Leute würden eher sterben
als nachdenken. Und sie tun es auch.
Bertrand Russell

Die beiden grundlegenden Denkansätze zur Formulierung einer Strategie sind in Abbildung 30 dargestellt.

Nach dem ersten Ansatz ist die Strategie auf die *Verbesserung von etwas Bestehendem* gerichtet. Die Leadership-Frage lautet: Welche Zielposition wollen wir innerhalb welcher Zeit und mit welchem Ressourceneinsatz erreichen?

Nach dem zweiten Ansatz geht es um die *Erfindung und Gestaltung der Zukunft.* Die Leadership-Frage lautet:

Welches Marktsegment besitzt ein Gewinnpotential, das sich mit unseren Kernkompetenzen zu erschließen lohnt?

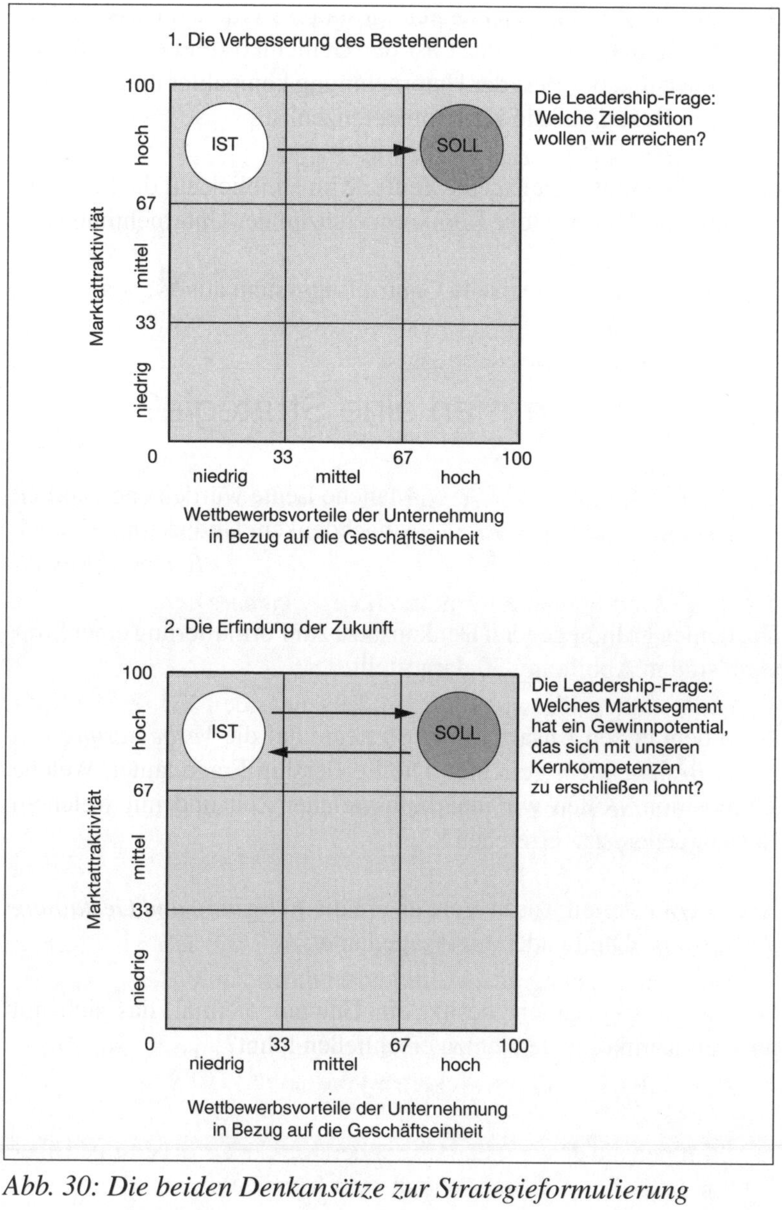

Abb. 30: Die beiden Denkansätze zur Strategieformulierung

Bei beiden Denkansätzen ist die Vorgehensweise wie folgt:

1. Beurteilung der Ist-Situation der Unternehmung,

2. Bestimmung der strategischen Kernziele,

3. Entwicklung der Kernkompetenzen zur Erreichung der strategischen Kernziele,

4. Bestimmung einer Führungskraft, die für die Strategie und die Aktionspläne verantwortlich ist,

5. Einrichtung eines strategischen Controllingsystems.

Das Entscheidungskriterium für den ersten oder zweiten Denkansatz ist die langfristige Wertsteigerung der Unternehmung.

Die folgenden Fragen erleichtern die *Bestimmung der Wettbewerbsvorteile* der Unternehmung:

- Unterstützen die strategischen Kernziele den Erfolg der Kunden?

- Werden die Kernkompetenzen von den Kunden erkennbar wahrgenommen?

- Kennen sämtliche Mitarbeiter der Unternehmung die Antwort auf die wichtigste Kundenfrage: „Warum soll ich das Produkt/die Dienstleistung ausgerechnet bei Ihnen kaufen?“

- Kennt auch die F&E-Abteilung den USP (Unique Selling Proposition) der von ihr entwickelten Produkte?

- Stimmen die Produktstärken mit den Kundenanforderungen überein, und dienen sie tatsächlich dem Kundennutzen?

- Sind diese Produktstärken auch gegenüber den Wettbewerbern gegeben?

- Findet ein regelmäßiger Informationsaustausch aller am Wertschöpfungsprozess unmittelbar beteiligten Personen und Abteilungen statt (F&E, Konstruktion, Produktion, Vertrieb, Service), um Produkte und Dienstleistungen zum Nutzen des Kunden ständig weiterzuentwickeln und den Wertschöpfungsprozess zu verbessern?

- Werden auch die Lieferanten, Absatzhelfer und sonstigen Geschäftspartner in diesen Prozess integriert?

- Kennt jeder Mitarbeiter seinen persönlichen Anteil, der zum Erfolg der Unternehmung beim Kunden beiträgt?

- Welche langfristigen Beziehungen zu den Kunden werden aufgebaut?

- Werden in Ihrem Unternehmen Informationen zur Veränderung und Entwicklung von Kundenanforderungen gesammelt und ausgewertet?

- Haben alle davon Betroffenen Zugang zu diesen Informationen?

- Wer denkt bereits heute über Lösungskonzepte nach, die dem Kunden zukünftig von Nutzen sein könnten?

- Setzt die Unternehmung Trends und/oder Standards?

- Werden Kundenreklamationen nicht nur verwaltet, sondern wird deren Ursache erforscht?

- Werden die betroffenen Mitarbeiter über die Reklamationen schnellstmöglich informiert?

- Erhält der Kunde immer das, was ursprünglich vereinbart war (Qualität, Termin, Kosten)?

- Wenn nein, kennen die Führenden die Ursachen?

- Wird gegen die Ursachen etwas unternommen, außer dass dem Kunden Preisnachlässe gewährt werden?

- Steht die Persönlichkeitsentwicklung unserer Mitarbeiter im Zusammenhang mit ihrer Leistung?

Die folgenden Fragen dienen der Bestimmung der *Marktattraktivität:*

- Wie ist das Verhalten der gegenwärtigen und potentiellen Konkurrenten?

- Welche Marktsegmente bieten Gewinn- und Wachstumsmöglichkeiten?

- Liegen die Erfolgsfaktoren für den Eintritt in den neuen Markt innerhalb der Möglichkeiten der Kernkompetenzen der Unternehmung?

- Welcher Spielraum besteht für die Preispolitik?

- Von wie vielen Unternehmungen wird der Markt beherrscht? Ist deren Verhalten vorhersehbar?

- Bietet das Produkt oder die Dienstleistung den Abnehmern die Möglichkeit zu einer hohen Wertschöpfung?

- Wie groß ist die Verhandlungsstärke der Abnehmer?

- Gibt es Substitutionsprodukte?

- Wie hoch sind die Eintrittsbarrieren für neue Konkurrenten?
- Mit welchen Reaktionen ist seitens der Konkurrenten zu rechnen?

Strategische Kernziele festhalten

> Erfolgreich ist nur der, der seine
> Handlungsweise mit dem Zeitgeist
> in Einklang bringt.
> *Niccolò Machiavelli*

Strategische Kernziele (Abb. 31) führen zu Innovation, herausragender Leistung und überdurchschnittlichem Wachstum. Strategische Kernziele sind herausfordernde Ziele, die auf der Linie der Vision, jedoch nahe zur Realität liegen, deren zukünftige Verwirklichung

1. Strategisches Kernziel festhalten
(Wettbewerbsvorteile für den Kunden)
↓
2. Im Team Aktionsplan/Lösungen erarbeiten
↓
3. Visualisierung der
Ziele
Prozesse (des Vorgehen)
Leistungen (transparent machen)
↓
4. Die Kommunikation
Controlling
↓
5. ZIEL: Nr. 1

Abb. 31: Die Vorgehensweise bei der Strategieplanung

sich bereits abzeichnet (Abb. 32). Das strategische Kernziel geht *qualitativ und zeitlich über das Tagesgeschäft hinaus,* stellt eine delikate Balance zwischen Realität und Utopie dar und umfasst das gerade noch Machbare.

Die strategischen Kernziele haben drei Dimensionen:

- Ziel und Richtungscharakter/Visionshorizont,
- Inhalt, der zeitlich und qualitativ über das Tagesgeschäft hinausgeht,
- Klarheit des Ziels, das formuliert, kommuniziert, umgesetzt und vorgelebt (nicht nur gedacht!) werden muss.

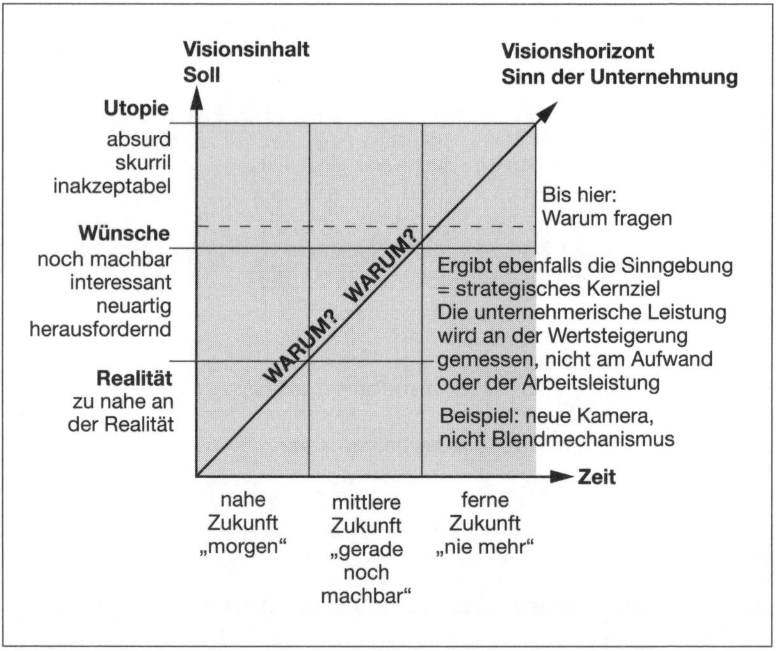

Abb. 32: Wie kommt man zu einem strategischen Kernziel?

Wir halten fest:

- Ziel der Strategie: Meisterschaft in der Kernkompetenz → Marktführerschaft.
- Marktführerschaft = größten Kunden-/Marktanteil haben.
- Also muss die *Strategie* in erster Linie *kundenorientiert* sein!
- Sie muss aber auch Werte für die anderen strategischen Stakeholder schaffen.

Der zentrale Erfolgsfaktor in der Unternehmung ist der

zufriedener Kunde ↓ treuer Kunde ↓ aktiver Kunde/ Kunde wird zum Mitarbeiter – zum BOTSCHAFTER

Neue Pionierphasen einleiten

Was man besonders gerne tut,
ist selten besonders gut.
Wilhelm Busch

In der Anfangsphase orientiert sich jede Unternehmung am Kunden; im Idealfall ist die Außenorientierung 100 %, die Innenorientierung 0. Im Lauf der Zeit nimmt die Außenorientierung tendenziell ab, die Innenorientierung dagegen zu. Überwiegt die Innenorientierung über die Außenorientierung, bricht die Unternehmung zusammen, und es wird eine – reaktive – Neuschöpfung notwendig (Abb. 33).

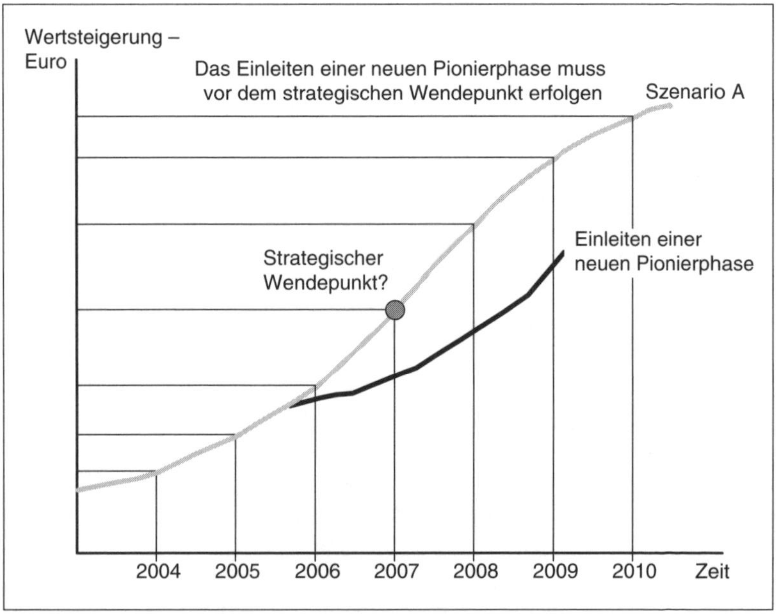

Abb. 33: Die Leadership-Aufgabe: Laufend neue Pionierphasen initiieren

Neuschöpfungen sind, wie die Industriegeschichte zeigt, immer mit hohen monetären und psychologischen Kosten verbunden. Gerade in der Reifephase besteht die Gefahr, dass sich die Unternehmungsleitung damit begnügt, die Früchte vergangener Pionierphasen zu ernten.

Das Problem einer jeden Unternehmung in der Reifephase besteht deshalb darin, laufend neue Pionierphasen einzuleiten, bevor dieser kritische Punkt erreicht wird. Dies gelingt auf fünf Wegen: durch neue Produkte und Dienstleistungen, d. h. durch kontinuierliche Verbesserung und durch Innovation, durch neue Kunden, durch das Halten der alten Kunden, die neue Akquisition abgesprungener Kunden sowie dadurch, dass die Unternehmung schneller und besser lernt als die Konkurrenten. Leadership ist die Fähigkeit, Führungskräfte und Mitarbeiter zu bewegen, freiwillig und begeistert immer wieder neue Pionierphasen gemeinsam einzuleiten. Leadership und Innovation hängen zusammen; je wirksamer es gelingt, eine Atmosphäre des Vertrauens und ein kreatives Umfeld zu schaffen, desto besser sind die Bedingungen für innovative Leistungen.

Welche Fragen müssen gestellt werden, um eine Pionierphase einzuleiten?

1. Wie können wir neue Kunden akquirieren?

2. Was müssen wir tun, um
   a) unsere heutigen Kunden noch mehr zufrieden zu stellen?
   b) aus ihnen treue Kunden zu machen?
   c) aus ihnen „aktive Mitarbeiter" und Botschafter der Unternehmung zu machen?

3. Wie können wir abgesprungene Kunden zurückgewinnen?

4. Welche neuen Produkte/Dienstleistungen schaffen wir?

5. Was tun wir, um in der Kernkompetenz die Führerschaft zu halten oder auszubauen?

6. Was tun wir, um schneller und besser als die Konkurrenz zu lernen?

Die Leadership-Frage *im Fördergespräch mit dem Mitarbeiter* lautet:

- Was ist Ihr persönlicher konkreter Beitrag zur Kundenzufriedenheit?

- Wie kann dieser konkret gesteigert werden?

- Welche neuen, nicht artikulierten Bedürfnisse der Kunden lassen sich mit unseren Kernkompetenzen und/oder mit zusätzlichen Dienstleistungen erfüllen?

Weiterführende Literatur

HINTERHUBER, A.: Strategische Erfolgsfaktoren bei der Unternehmensbewertung. 3. Aufl., Wiesbaden 2005.

HINTERHUBER, H. H.: Leadership. Strategisches Denken systematisch schulen von Sokrates bis Jack Welch. 4. Aufl., Frankfurt am Main 2005.

HINTERHUBER, H. H, PECHLANER, H., FISCHER, E. u. HAMMANN, E. M.: Innovative Führung in Tochtergesellschaften. Bozen 2003.

HINTERHUBER, H. H.: Strategische Unternehmungsführung. 7. Aufl., Berlin, New York 2004.

HINTERHUBER, H. H., FRIEDRICH von den EICHEN, St. A., AL-ANI, A. u. HANDLBAUER, G. (Hrsg.): Das neue Strategische Management. 3. Aufl., Wiesbaden 2005.

KOCH, R.: The Financial Times Guide to Strategy. How to Create and Deliver a Useful Strategy. London 1995.

KRAUTHAMMER, E. u. HINTERHUBER, H. H.: Wettbewerbsvorteil Einzigartigkeit. 2. Aufl. Berlin 2005.

KRAUTHAMMER, E. u. HINTERHUBER, H. H.: Der Kunde als Botschafter. 2. Aufl., Berlin 2005.

KREIKEBAUM, H.: Strategische Unternehmungsplanung. 6. Aufl., Berlin 1997.

ROTHENBERGER, S.: Antezedenzien und Konsequenzen der Preiszufriedenheit. Wiesbaden 2005.

SLATER, R.: The GE Way Fieldbook. New York 1999.

STAHL, H. K. u. FRIEDRICH von den EICHEN, St. A. (Hrsg.): „Vernetzt" – Netzwerke von und in Unternehmen. Kolleg für Leadership und Management. Band 2, Berlin 2005.

11. Leadership-Verantwortung: Erscheinungsbild/Marke

Erscheine so, wie du bist;
sei so, wie du erscheinst.
Rumi

Definition

Die Corporate Identity (CI) ist das äußere Erscheinungsbild einer Unternehmung, und zwar so, wie sie wünscht, von der Außenwelt gesehen zu werden. Die Marke ist der Wert des Erscheinungsbildes.

Ziel

Das Ziel ist, eine sowohl nach innen als auch nach außen attraktive Unternehmung zu sein und die Marke zu stärken.

Die drei Komponenten des Erscheinungsbildes der Unternehmung

> Sorge dich nicht, dass dich niemand kennt;
> strebe danach, es wert zu sein,
> dass man dich kennt.
> *Konfuzius*

Die *Corporate Identity* (CI) ist das äußere Erscheinungsbild einer Unternehmung, und zwar in der Form, wie sie wünscht, von der Außenwelt gesehen und bewertet zu werden. Das führt zu zwei Leadership-Fragen:

1. Wie sieht uns die Außenwelt heute?

2. Was müssen wir tun, dass uns die Außenwelt vielleicht anders sieht?

Das Ziel ist, nach innen und außen als eine attraktive Unternehmung zu erscheinen.

Jede Unternehmung hat, wie jeder Mensch, ein Erscheinungsbild oder eine Identität, ob er oder sie es will oder nicht. Der Mensch wie die Unternehmung können sich der Wirkung des Erscheinungsbildes nicht entziehen – *wir wirken immer.*

Das Verändern und Kultivieren des Erscheinungsbildes können wir in die Wege leiten, indem wir uns bewusst werden, wo wir heute stehen, und den Ist-Zustand festhalten. Jede Veränderung und Verbesserung des Erscheinungsbildes beginnt damit, dass wir uns bewusst werden, wo wir heute stehen. Nur dann können wir ein neues Erscheinungsbild und neue Ziele diskutieren und beschließen.

Das Erscheinungsbild der Unternehmung setzt sich aus drei Komponenten/Einstellungen zusammen (Abb. 34).

CB = Corporate Behavior. Darunter verstehen wir das Verhalten jedes Mitarbeiters in jeder unternehmerischen Aktivität. Die Unternehmungskultur ist der Nährboden für das Verhalten der Mitarbeiter nach innen und nach außen. Der Mensch ist die Basis jeder Unternehmung. Ein Sprichwort besagt: „Eine Kette ist so stark wie das schwächste Glied", was bedeutet, dass die Unternehmung durch das Erscheinungsbild des schwächsten Mitarbeiters geprägt wird.

Jede Aktivität eines jeden Mitarbeiters, sei er im Außendienst, in der Produktion, in der Forschung, in der Führung oder in der Personalentwicklung, beeinflusst in irgendeiner Art und Weise das Erscheinungsbild der Unternehmung.

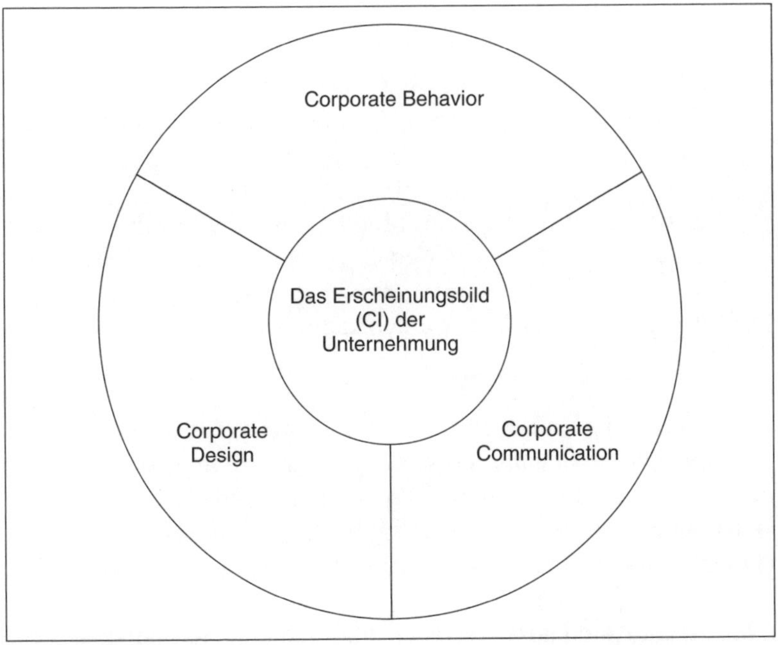

Abb. 34: Die drei Komponenten des Erscheinungsbildes (CI) der Unternehmung

Einige Beispiele:

- Die Kleidung der Führungskräfte und Verkäufer kann das Firmenbild entscheidend beeinflussen (Beispiele: Schuluniformen, Firmenkleidung wie bei McDonald's, Bankangestellte, IBM in früheren Jahren usw.).

- Die Telefonistin, die sieben Mal das Telefon klingeln lässt, statt nach dem zweiten Mal abzuheben und den Anruf weiterzuleiten, stellt die Unternehmung auf eine negative Art und Weise vor.

- Der Packer, der dem Paket an den Kunden eine zusätzliche Aufmerksamkeit schenkt, beeinflusst dessen zukünftiges Kaufverhalten.

- Die Buchhaltung kann durch die Gestaltung der Rechnung oder Mahnung den Kunden verärgern oder zur raschen Zahlung bewegen.

- Die Produktion, die auch am „Montag" einwandfreie Produkte herstellt, trägt wesentlich zur Wertsteigerung der Unternehmung bei.

Die Liste, die weitergeführt werden kann, lehrt eine enorm wichtige Erkenntnis:

Jeder Mitarbeiter in der Unternehmung trägt Verantwortung für die Kundenzufriedenheit und somit für das Erscheinungsbild der Unternehmung. Die Führenden müssen mit den Mitarbeitern gemeinsam feststellen, wo diese Verantwortung liegt, sie konkretisieren und mit neuen Zielen laufend verbessern. Die Leadership-Frage lautet:

„Was ist Ihr Anteil an der Kundenzufriedenheit, und wie kann diese verbessert werden?"

Mitarbeiter, die auf diese Frage keine Antwort finden, müssen sich die Frage gefallen lassen, was sie in der Unternehmung suchen. Der Kunde bezahlt die Gehälter und nicht der Unternehmer; dies muss jedem Mitarbeiter klar sein.

CD = Corporate Design ist die zweite Komponente und umschreibt das Logo der Unternehmung, die Produktgestaltung, die Zeichen- und Formgestaltung, die Produktionsanlagen, das Firmengebäude, den Arbeitsplatz usw.

Einerseits ist Stabilität eine wichtige Voraussetzung für das erfolgreiche Arbeiten der Unternehmung, andererseits müssen die Kriterien von Corporate Design laufend überprüft, erneuert und modernisiert werden.

Einige Beispiele:

- Ein Hotel wird seinen Namen behalten, muss jedoch Empfang, Zimmer, Speisesaal, Küche usw. laufend den neuesten Erkenntnissen anpassen.

- Logos können modernisiert werden wie zum Beispiel Coca-Cola oder auch verschiedene Zigarettenmarken. Der Stern von Mercedes oder die drei Buchstaben von IBM würden sich einer Modernisierung sicherlich schwerer unterziehen lassen. Die Produktentwicklung/-ausstattung muss jedoch laufend überprüft und verbessert werden. Auch das Produkt und die damit verbundenen Dienstleistungen sind vom Inhalt her, in der Produktion, in Zeichen- und Formgestaltung, laufend Veränderungen und Verbesserungen unterworfen.

Corporate Design ist einerseits stabil, andererseits in Bewegung; dieser Verantwortung müssen sich die Führenden tagtäglich stellen.

CC = Corporate Communication betrifft alles, was in irgendeiner Art und Weise schriftlich nach innen wie nach außen getragen wird. Interne Kommunikation, Werbung, Verkaufsförderung, Public Relations, Öffentlichkeitsarbeit, Geschäftsbriefe, Einladungen usw. gehören dazu. Das geschriebene Wort spielt eine große Rolle, wobei auch hier nicht vergessen werden darf: „Ein Bild sagt mehr als tausend Worte!“

Die Umwelt, der Markt, der Kunde, sie alle leiden unter Zeitdruck, man hat keine Zeit zum Lesen mehr; Informationen, bestimmt für die strategischen Stakeholder, müssen kurz, vielleicht nur eine Seite lang, präzise, aussagekräftig sein. Das Wichtigste scheint jedoch immer wieder vergessen zu werden: Jede Information muss eine Bewegung auslösen, sie muss die Menschen bewegen. Die meisten Informationen, ob Prospekt, Leitbild, Werbebrief oder Geschäftsbriefe, haben sehr oft Alibifunktion und lösen keine Bewegung aus.

Einige Beispiele:

- Ein Werbeprospekt mit einem persönlichen Schreiben erhöht das Erscheinungsbild der Unternehmung.

- Eine Rechnung oder Honorarnote mit einem persönlichen Fragebogen, der sich auf die Zufriedenheit des Kunden mit dem Produkt oder der Dienstleistung bezieht, kann das Erscheinungsbild im positiven Sinne verändern und den Kunden zum treuen, wenn nicht aktiven Kunden = Mitarbeiter und Botschafter der Unternehmung machen.

- Ein Mahnverhalten kann den Kunden verärgern oder ihn veranlassen, zu zahlen und gleich eine neue Bestellung aufzugeben.

Die schriftliche Kommunikation bedingt:

- Sachlichkeit,

- Kürze,

- Außergewöhnlichkeit,
- Persönlichkeit und eine
- Aufforderung zum Tun.

Jede andere Arbeitsweise ist Alibifunktion mit der berühmten Maxime: „Außer Spesen nichts gewesen!“

Vom Ist- zum Soll-Erscheinungsbild

Wenn du liebst, was du tust,
wirst du nie mehr in deinem Leben arbeiten.
Konfuzius

Die wichtigste Erkenntnis aus den Ausführungen ist die Feststellung, dass die Grundlage jedes unternehmerischen Erscheinungsbildes das Corporate Behavior (CB) ist.

Jede Investition in CD und CC ist völlig nutzlos, wenn sie nicht von CB getragen wird (Abb. 35).

Einige Beispiele:

- Was nützen die schönsten Prospekte und Inserate, wenn bei einer telefonischen Anfrage nur mühevoll die richtige Person gefunden werden kann.
- Denken Sie an Läden, Restaurants, Hotels, Banken …, und vergleichen Sie den Service mit dem Prospektmaterial. Ist in der Schweiz oder in Österreich die Tourismusbranche wirklich *nur* wegen des teuren Franken oder Euro rückläufig?

- Sie verlangen Unterlagen, eine Präsentation eines Produktes … und hören nie mehr etwas von dieser Unternehmung.

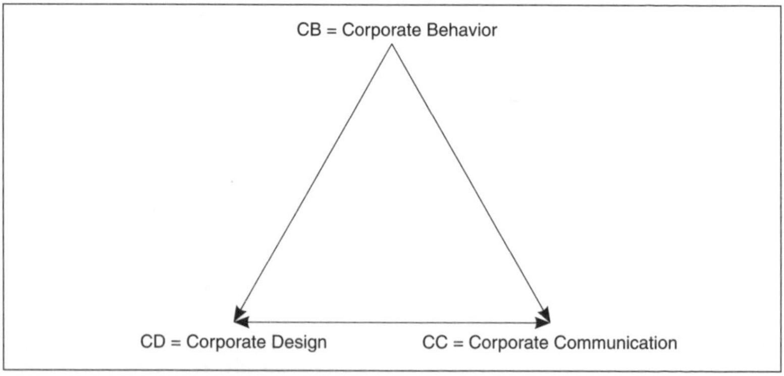

Abb. 35: Corporate Identity beginnt immer mit CB

Auch hier könnte die Liste verlängert werden. Aus diesem Grunde müssen alle Mitarbeiter in der Einstellung wie im Verhalten in „Kundenzufriedenheit" geschult werden. Die Unternehmungskultur prägt das Erscheinungsbild der Unternehmung; ihre Beeinflussung durch Aus- und Weiterbildungsmaßnahmen verursacht die höchsten Kosten im Vergleich zur Gestaltung von CD und CC (Abb. 36).

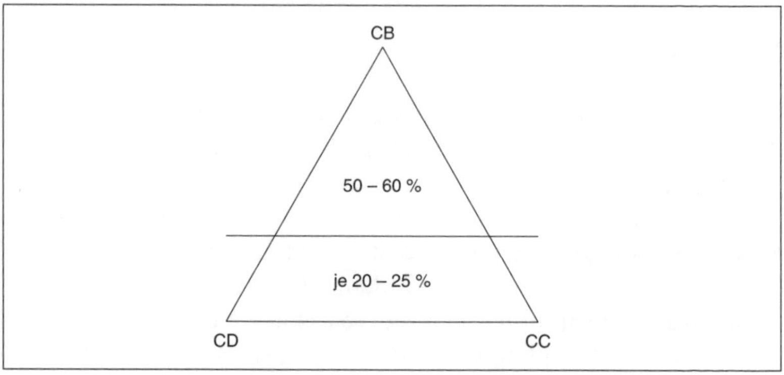

Abb. 36: Kostenverteilung zwischen CB, CD und CC

„… So wie wir wünschen, dass die Außenwelt uns sieht …“ ist der erste Schritt vom Ist zum Soll im Erscheinungsbild der Unternehmung. Die Grundlage dieser Entscheidung liegt in der unternehmerischen Vision. Das gewünschte Erscheinungsbild soll langfristig, wie die Vision, die Richtung angeben, in die sich die Unternehmung bewegen will. Was sich verändern kann und teilweise muss, sind unser Denken und Verhalten, das optische Bild und das geschriebene Wort.

An diesen drei Einstellungen müssen wir täglich arbeiten und neue Ziele setzen. CI ist ein entscheidender Faktor im Markt und kann zu überdurchschnittlichen Erfolgen führen. An den Führenden liegt es, diesen Erfolg herbeizuführen.

Die Stärkung der Marke

Unter den Menschen muss man unbedingt auswählen, ob sie es verdienen, dass wir ihnen einen Teil unseres Lebens widmen, ob ihnen unser Opfer an Zeit zugute kommt.
Seneca

In allen Bereichen nimmt der Wettbewerb zu. Technische Innovationen bringen laufend neue Produkte und Dienstleistungen hervor, die dann nachgeahmt und differenziert werden und die Erwartungen der Kunden erfüllen. Die Internationalisierung und Globalisierung der Märkte ermöglichen es den Kunden, das zu finden, was sie suchen.

Die Auswahl zwischen Hunderten von Automodellen und Tausenden von Varianten macht jeden Kauf zu einem Problem. Der Kunde braucht Hilfen, die ihm die Entscheidung erleichtern.

Das Erscheinungsbild der Unternehmung und die Anziehungskraft der Marke werden deshalb immer wichtiger. Der Kunde kann sich auf einen bestimmten Hersteller verlassen. Hinter jeder wichtigen

Marke steht ein gutes Produkt, das die Erwartungen der Kunden erfüllt. Ohne gutes Produkt gibt es keine Marke. Was ein gutes Produkt ist, lässt sich nicht leicht definieren, da es in jedem Markt eine Vielzahl von Angeboten gibt mit unterschiedlichen Merkmalen (Qualität, Preis-Leistungsverhältnis, Vertriebs- und Servicenetzwerke und dergleichen mehr). Die Marke erleichtert den Kunden die Entscheidung.

Die Marke ist *nicht* das Erscheinungsbild der Unternehmung. Beide Begriffe werden häufig verwechselt. Die Marke ist der Wert des Erscheinungsbildes der Unternehmung, nicht das Erscheinungsbild selbst.

Verantwortlich für die Marke ist der Unternehmer mit seinem Führungsteam. Die Stärkung der Marke zählt zu den nicht-delegierbaren Führungsaufgaben.

Die Unternehmungsleitung kann wohl die Details der Markenpolitik delegieren, nicht jedoch die Markenpolitik selbst. Sie muss ihre ganze Aufmerksamkeit und Kommunikationsfähigkeit der kontinuierlichen Stärkung der Marke widmen. Keine noch so bekannte Marke kann auf Dauer Produktmängel oder eine schlechte Führung kompensieren. Produkt, Marke, Kommunikation und Leadership bilden eine Einheit. Je weniger sich die Produkte differenzieren lassen, desto wichtiger sind die Marke, die Kommunikation und die Führung für den unternehmerischen Erfolg.

Weiterführende Literatur

BIRKIGT, K., STADLER, M. M. u. FUNCK, H. J.: Corporate Identity. 11. Aufl., Landsberg 2002.

BRUHN, M.: Handbuch Markenführung. Kompendium zum erfolgreichen Markenmanagement. Strategien – Instrumente – Erfahrungen. 2. Aufl., Wiesbaden 2004.

DÜLFER, E.: Internationales Management in unterschiedlichen Kulturbereichen. 7. Aufl., München, Wien 2001.

HAEDRICH, G., TOMCZAK, T. u. KAETZKE, Ph.: Strategische Markenführung. 3. Aufl., Bern 2003.

HAMEL, G.: Leading the Revolution. Boston 2000.

HUNTER, J. C.: The Servant. A Simple Story about the True Essence of Leadership. Rocklin 1998.

HUNTER, J. C.: The World's Most Powerful Leadership Principle. How to Become a Servant Leader. New York 2004.

KRAUTHAMMER, E., u. HINTERHUBER, H. H.: Der Kunde als Botschafter. 2. Aufl., Berlin 2005.

SCHLIESSMANN, Ch. (Hrsg.): Unternehmer aus Leidenschaft. Kann man Entrepreneurship lernen? Antworten aus Theorie und Praxis. Frankfurt am Main 2004.

SPEARS, L. C. (Hrsg.): Reflections on Leadership. New York 1995.

12. Die Beurteilung des Leadership-Verhaltens

Everytime you hold an internal meeting,
you show your ass to the customer.
Jack Welch

Leadership heißt, neue Möglichkeiten erschließen sowie die Mitarbeiter anregen und in die Lage versetzen, sich begeistert für gemeinsame Ziele einzusetzen. Die Führungsleistung des Unternehmers und/oder des Führungsteams an der Spitze lässt sich mit Hilfe zweier Dimensionen messen (Abb. 37):

- gegenwärtige Performance der Unternehmung und
- mittel- bis langfristige Wertsteigerungserwartungen.

Das Ziel von Leadership ist, kurzfristig Ergebnisse zu erzielen *und* die Unternehmung langfristig stärker zu machen.

Ausgehend von den nicht-delegierbaren Aufgaben der Führenden ist in Abbildung 38 ein Test zur Ermittlung des Leadership-Verhaltens der Führenden dargestellt. Wie jeder Test, so ist auch dieser mit einem „gesunden Relativismus“ zu interpretieren; er kann jedoch dazu beitragen, Schwachstellen im eigenen Führungsverhalten aufzuzeigen und die Beurteilung der Leadership-Leistung der Führenden zu versachlichen.

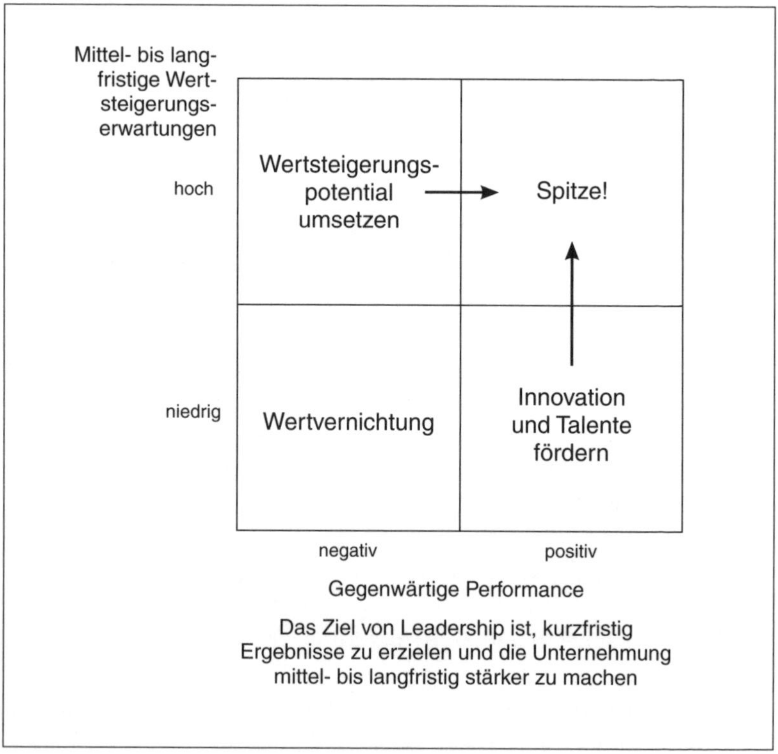

Abb. 37: Grundschema für die Beurteilung der Leadership-Leistung (in Anlehnung an Stewart/Stern)

	selten 1	2	3	4	5	6	immer 7
1. Kann jeder Mitarbeiter und jede Mitarbeiterin *die Bedeutung der unternehmerischen Version* klar und anschaulich erklären?	❑	❑	❑	❑	❑	❑	❑
2. Verstehen alle Mitarbeiter und Mitarbeiterinnen, was sie tun müssen, um die *Kernkompetenz(en)* der Unternehmung weiter zu entwickeln?	❑	❑	❑	❑	❑	❑	❑
3. Definiert das Führungsteam die *Kernprodukte und Kerndienstleistungen*, d. h. die *Kerngeschäfte* auf der Grundlage der Kompetenz(en) der Unternehmung?	❑	❑	❑	❑	❑	❑	❑
4. Ist das Engagement der Schlüsselpersonen darauf ausgerichtet, die *Kerndifferenzierungen* für die Kernprodukte und Kerndienstleistungen weiter auszubauen?	❑	❑	❑	❑	❑	❑	❑
5. Berücksichtigt das Führungsteam das *Wellbeing* aller Mitarebietr und Mitarbeiterinnen in den strategischen Plänen der Unternehmung?	❑	❑	❑	❑	❑	❑	❑
6. Lebt jede Führungskraft die *Führungswerte* der Unternehmung?	❑	❑	❑	❑	❑	❑	❑
7. Verstehen alle Mitarbeiter und Mitarbeiterinnen, was sie tun müssen, um zur Umsetzung des *Leitbildes* der Unternehmung beizutragen, d. h. Mehrwert für die strategischen Stakeholder zu schaffen?	❑	❑	❑	❑	❑	❑	❑
8. Unterstützden die *Organisationen und die Geschäftprozesse* kreatives Problemlösen und Erschließen neuer Möglichkeiten auf allen Verantwortungsebenen?	❑	❑	❑	❑	❑	❑	❑
9. Ist das Führungsteam fähig, die *Strategien* klar zu formulieren und zu kommunizieren sowie die Schlüsselpersonen in die Handhabung von *Strategic Issues* einzubeziehen?	❑	❑	❑	❑	❑	❑	❑
10. Ist die *Unternehmungsidentität* kohärent mit den Aussagen und Vostellungen des Führungsteams?	❑	❑	❑	❑	❑	❑	❑

Die Leadership-Qualität der Führenden:

60+:	Hohes Leadership-Potential
40 – 59:	Ausreichendes Leadership-Potential (Harte Arbeit notwendig)
Unter 40:	Großes Leadership-Defizit

Abb. 38: Test zur Ermittlung des Leadership-Verhaltens

Zusammenfassung

Wenn man sich streng an Vorschriften halten
wollte, kämen nur Narren ins Paradies.
Italienisches Sprichwort

In diesem Buch ging es darum, den Unterschied zwischen Management-/Fach- und Leadership-Verantwortung herauszustellen (Abb. 39). Die Management-/Fach-Verantwortung besteht darin, vor allem Dinge in Bewegung zu setzen. Die Leadership-Verantwortung setzt dagegen Menschen in positivem Sinne in Bewegung und wurde mit Hilfe des Leadership-Hauses dargestellt; dieses zeigt die nicht-delegierbaren Aufgaben des Unternehmers und/oder der obersten Füh-

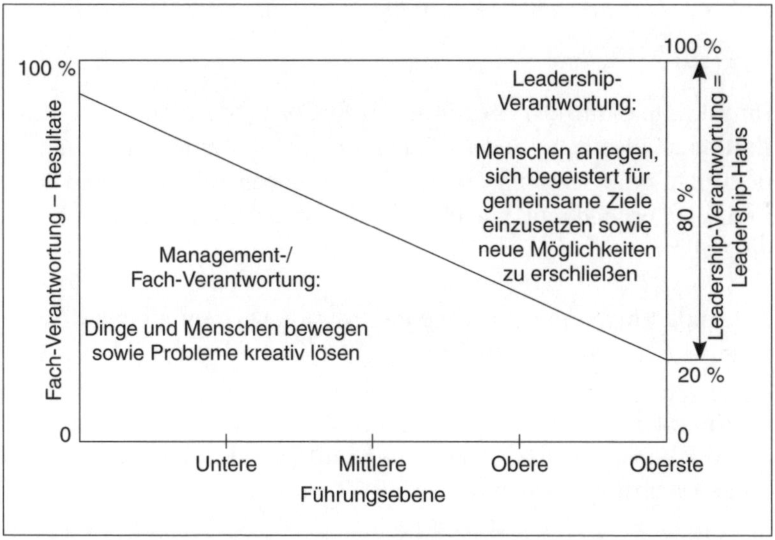

Abb. 39: Fach-Verantwortung versus Leadership-Verantwortung

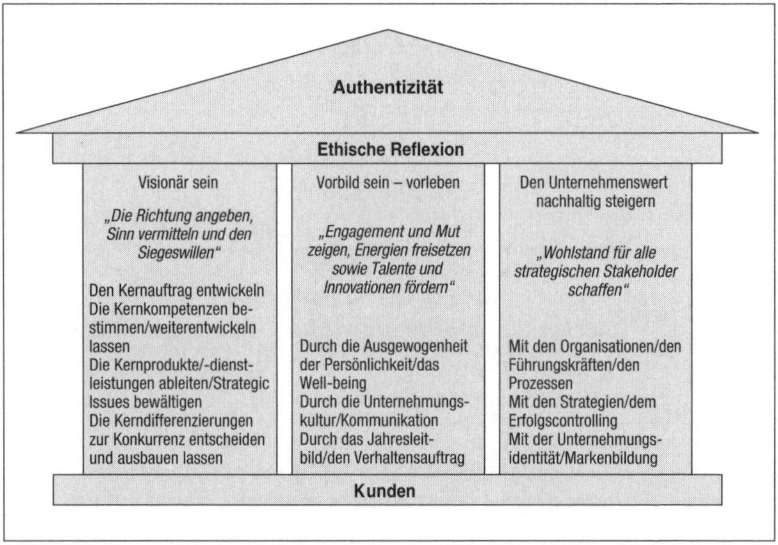

Abb. 40: Das Konzept „Leadership-Haus“ für erfolgreiches Führen

rungskräfte (Abb. 40). Es wurde gezeigt, wie jede „Säule“ nach Definition, Zielsetzung und Aktionen erarbeitet werden kann, die zu den nicht-delegierbaren Leadership-Aufgaben führen. Damit wird in der Unternehmung eine einheitliche Sprache für *alle* Mitarbeiter eingeführt.

Folgende Fragen müssen von allen Mitarbeitern im gleichen Sinne beantwortet werden (Abb. 38):

- *Kernauftrag:*
  Welche Bedürfnisse der Gesellschaft (Vision) oder der Kunden (Kernauftrag) wollen wir erfüllen?

- *Kernkompetenz:*
  Welches Bündel von unternehmerischen Stärken führt zum Kernauftrag?

- *Kernprodukt/Kerndienstleistung:*
  Welches sind die Kernprodukte/Kerndienstleistungen, die sich aus der Kernkompetenz ergeben? Wie stellen wir uns auf Strategic Issues ein?

- *Kerndifferenzierung/Wettbewerbsvorteil:*
  Wo und wie unterscheiden wir uns von den Konkurrenten? Welchen Mehrwert bieten wir unseren Kunden?

- *Well-being:*
  Was gibt den Führenden körperliches/geistiges Wohlbefinden?

- *Kultur:*
  Welche Werte, Normen und Zielvorstellungen benötigen wir?

- *Jahresleitbild:*
  Wie kann die Unternehmung die Kräfte auf die Zufriedenstellung der Kunden und der anderen Stakeholder ausrichten?

- *Organisation:*
  Welche Mitarbeiter und Prozesse garantieren die Zielerreichung?

- *Strategien:*
  Wie können wir die Nummer 1 sein und es auch bleiben und dabei eine überdurchschnittliche Rendite erzielen?

- *Erscheinungsbild/Marke:*
  Wie wandeln wir Kundenzufriedenheit in Kundentreue und in aktive Kunden um? Wie stärken wir die Marke?

Wir laden alle Führenden ein, laufend die drei „Säulen" ihres Leadership-Hauses zu überprüfen und zu erneuern. Der Zukunftserfolg liegt nicht in der Fortsetzung von Methoden und Einstellungen, die sich in der Vergangenheit bewährt haben, sondern im Außergewöhnlichen.

Für erfolgreiches Führen gibt es keine Regeln und kein Schema. Die Unternehmer und obersten Führungskräfte müssen sich ihrer Führungsrolle und ihres Führungsverhaltens bewusst werden und immer wieder versuchen, ihre Rolle und ihr Verhalten zu überdenken und zu verbessern. Jedes sture Festhalten an Erfolgsrezepten der Vergangenheit kann die Unternehmung in den Untergang führen. Das Buch soll beitragen, Inputs und Anregungen für ein Überdenken des Denkens und Handelns der Führenden zu geben. In Abwandlung einer Aussage von Parkinson vertreten wir die These, dass es besser ist, aus einem Buch zu lernen als vor dem Konkursrichter.

In der Hektik des Tagesgeschäftes und des Dringlichen fehlt die Zeit des Nachdenkens. Wir alle überspringen die Zeit des Nachdenkens, indem wir uns auf das Dringliche und Wichtige konzentrieren. Wir wären glücklich, wenn wir mit diesem Buch die Führenden einladen könnten, sich die Zeit zum Nachdenken zu nehmen. Dies lässt sich dadurch bewerkstelligen, dass wir uns unserer Leadership-Verantwortung bewusst werden und die wichtigen Dinge in Angriff nehmen, bevor sie dringlich geworden sind. So können wir lernen, zu verweilen und ständig Neues dazuzulernen. Jeder Führende verändert eine bestehende Ordnung und wächst durch seine Leistung.

Auf eine Eigenschaft der Führenden, die ein sehr knappes Gut zu sein scheint, möchten wir abschließend hinweisen: die *Demut.* Demut ist nach einer alten Definition einerseits die Gewohnheit, in der Beurteilung seiner selbst strenger zu verfahren als in der Beurteilung anderer, weil man den Beweggründen und Zielen seines eigenen Handelns auf den Grund gehen kann, den Beweggründen und Zielen von Handlungen anderer aber nicht. Auf der anderen Seite ist Demut die Bereitschaft, eigene, wohlberechtigte Ansprüche gegen die weniger berechtigten Ansprüche der Stakeholder aufzugeben. Demut gehört zu den entschiedenen Tugenden, wenn sie aus Rücksicht auf das Wohl und die Wertsteigerung der Unternehmung sowie auf die Zufriedenstellung der Kunden geübt wird und sich nicht Beweggründe der Kleinlichkeit, der Trägheit oder sonstiger Nebenrücksichten einmischen. Wer durch Beispiel führt, braucht Demut, da er weiß, dass er allein nicht neue Möglichkeiten umsetzen oder für alle unternehmerischen Probleme eine Lösung finden kann. Demut ist auch die Fähigkeit, seine eigene Sicht der Welt, seine eigenen Überzeugungen, sein eigenes Wissen immer wieder in Frage zu stellen.

Ein Führender wird niemals über die Dummheit seiner Mitarbeiter, über den Undank der Menschheit oder über die Nichtbeachtung durch die Öffentlichkeit klagen; das alles gehört zum Leben. All das anzunehmen, zu überwinden und davor nicht in Enttäuschung oder Resignation niederzugehen – das ist der Beweis von Leadership. Daher die Bedeutung dessen, was man *ein Beispiel geben* nennt. Führende müssen ihren Mitarbeitern die Fähigkeit des „Lernenlernens" vorleben. Dabei kommt es nicht nur auf das Nachweis- und Sichtbare an, sondern auch auf all das, was ganz unabsichtlich, vom Willen unabhängig, oft unbewusst auf den anderen einwirkt. Zum Beispielgeben gibt es deshalb nur einen Weg: den des *persönlichen Umgangs* mit den Mitarbeitern und Partnern der Unternehmung.

Jeder Mensch verkörpert ganz bestimmte Grenzen. Niemand darf glauben, dass er von seinem Standpunkt aus allein neue Möglichkeiten entdecken und alle Probleme lösen kann. Wer jedoch ein Lernender ist, der wächst über seine gegenwärtigen Fähigkeiten hinaus. Denn jeder Fehler und jede Enttäuschung können zu neuen Fähigkeiten führen, vorausgesetzt, dass man aus den Fehlern lernt. Das Lernen und „Lernenlernen" ist nicht an bestimmte Inhalte gebunden, wohl aber an diszipliniertes Fragen und Argumentieren.

Unser wichtigstes Kapital ist die Zeit. Jeder hat gleich viel davon zur Verfügung. Die Frage ist, was wir damit anfangen. Ein unternehmerisches Leben, das die zehn Bereiche des Leadership-Hauses laufend neu durchdenkt und verbessert, ist nicht nur schöpferisch und vital, es ist auch voller Freude, Mut und Glaubwürdigkeit. Wir können dem Leben nicht mehr Stunden geben, es liegt jedoch an uns, den Stunden mehr Leben zu geben.

Führende wissen, dass es *über* die professionelle Erfüllung ihrer nicht-delegierbaren Führungsaufgaben hinaus *noch eines* gibt:

Was habe ich getan, um die Welt besser zurückzulassen,
als ich sie vorgefunden habe?

Erfolg im Leben, so R. L. Stevenson, *hat der gehabt,* der anständig gelebt, oft gelacht und viel geliebt hat, der die Achtung kluger Männer und Frauen und die Liebe der Kinder gewann, der seinen Platz ausgefüllt und seine Aufgaben bewältigt hat, der die Welt besser zurücklässt, als er sie vorfand, sei es durch eine verbesserte Mohnsorte, ein vollkommenes Gedicht oder eine gerettete Seele; der stets die Schönheit der Natur zu schätzen wusste und das auch zu erkennen gab; der das Gute in anderen sah und selbst sein Bestes gab.

Die Autoren

Hans H. Hinterhuber ist Vorstand des Instituts für Unternehmungsführung, Tourismus und Dienstleistungswirtschaft der Universität Innsbruck und Professor für Internationales Management an der Wirtschaftsuniversität Bocconi in Mailand. Er ist Verfasser zahlreicher Publikationen im Bereich der strategischen Unternehmungsführung und als Aufsichtsrat in großen Unternehmungen eng mit der Wirtschaft verbunden. 1997 gründet er mit Dr. Franz Bailom und Mag. Dieter Tschemernjack die Unternehmensberatungsfirma IMP – Innovative Management Partner –, Innsbruck, St. Gallen, Bratislava und Budapest.

Sein Führungscredo lautet:
„Führen heißt, das Beste aus den Menschen herausholen. Dazu muss man ihnen helfen, es selbst zu tun. Dies gelingt, wenn man die Menschen ermutigt, ihr eigenes Potential soweit zu entwickeln, wie sie selbst es können, und vielleicht ein bisschen höher zu streben, als sie erreichen können.“

Univ.-Prof. Dipl.-Ing. Dr. Hans H. Hinterhuber
Leopold-Franzens-Universität Innsbruck
Institut für Unternehmungsführung,
Tourismus und Dienstleistungswirtschaft
Universitätsstraße 15
A-6020 Innsbruck
Tel.: ++43/512/507-7181
Fax: ++43/512/507-2968
E-Mail: hans.hinterhuber@uibk.ac.at
Internet: www.leadership.at.tf

Eric Krauthammer gründete 1971 die Firma Krauthammer International SA für die Aus- und Weiterbildung im Management- und Verkaufsbereich. Ende 1994 verkaufte er das Unternehmen mit 170 Mitarbeitern und 17000 Teilnehmern pro Jahr an ein holländisches Unternehmen. Heute berät er Unternehmer und oberste Führungskräfte für eine erfolgreiche Zukunft.

Eric Krauthammer
Résidence Haute Combe
Route de Clémenty 41
CH-1260 Nyon

Tel.:++41/22/363 16 70
Fax: ++41/22/363 16 75
E-Mail: ekrauth@iprolink.ch
Internet: www.eric-krauthammer.ch